AF294364

DIE GRUNDLEHREN DER MATHEMATISCHEN WISSENSCHAFTEN

IN EINZELDARSTELLUNGEN MIT BESONDERER
BERÜCKSICHTIGUNG DER ANWENDUNGSGEBIETE

HERAUSGEGEBEN VON

W. BLASCHKE · R. GRAMMEL · E. HOPF · F. K. SCHMIDT
B. L. VAN DER WAERDEN

BAND LV

ANWENDUNG DER ELLIPTISCHEN FUNKTIONEN IN PHYSIK UND TECHNIK

VON

FRITZ OBERHETTINGER UND WILHELM MAGNUS

SPRINGER-VERLAG BERLIN HEIDELBERG GMBH

ANWENDUNG DER ELLIPTISCHEN FUNKTIONEN IN PHYSIK UND TECHNIK

VON

Dr. FRITZ OBERHETTINGER

DOZENT FÜR MATHEMATIK AN DER UNIVERSITÄT MAINZ

UND

Dr. WILHELM MAGNUS

PROFESSOR DER MATHEMATIK AN DER UNIVERSITÄT GÖTTINGEN

MIT 54 ABBILDUNGEN

SPRINGER-VERLAG BERLIN HEIDELBERG GMBH

ISBN 978-3-642-52794-4   ISBN 978-3-642-52793-7 (eBook)
DOI 10.1007/978-3-642-52793-7

Vorwort.

Bei den Anwendungen der elliptischen Funktionen und Integrale
auf die Behandlung physikalischer oder technischer Fragen werden
nicht nur die grundlegenden Eigenschaften, sondern auch zahlreiche
spezielle Formeln aus der Theorie dieser Funktionen gebraucht. Wir
haben versucht, diesen Sachverhalt zu illustrieren durch eine Zusammenstellung von möglichst verschiedenartigen Beispielen; diese sind vor-
zugsweise nach mathematischen Gesichtspunkten ausgewählt, aber, so-
weit als möglich, nach den Anwendungsgebieten gruppiert worden.

Mit Ausnahme der Sätze über einige konforme Abbildungen werden
keine Resultate aus der Theorie der elliptischen Funktionen bewiesen;
jedoch sind alle benutzten Formeln im ersten Kapitel zusammengestellt
und, wo dies nötig erschien, mit einem Kommentar versehen worden.
Einige Zahlentafeln sind beigefügt worden; diese sollen dem Benutzer des
Buches eine rasche wenn auch nicht allzu genaue numerische Auswertung
von vielen der in den Beispielen auftretenden Formeln ermöglichen.

Dem Springer-Verlag danken wir für ein hilfreiches Eingehen auf
unsere Wünsche bei der Drucklegung des Buches.

Mainz und Göttingen, im Oktober 1948.

Die Verfasser.

Inhaltsverzeichnis.

Verzeichnis der Funktionen und Symbole.

	Seite		Seite
am	19	$K'(k)$	3
$(a)_n$	1	Ω	1
C	1	ω, ω'	25
cn	18	$\psi(z)$	1
cd, cs	19	$\wp(u)$	25
$\cos h$	1	q	18
dc, ds	19	Re	1
dn	18	sc, sd	19
e_1, e_2, e_3	25	$\sin h$	1
$E(k, \varphi)$	2	sn	18
$E(k)$	2	$\sigma(u)$	28
$F(k, \varphi)$	2	$\sigma_1(u)$ etc.	28
$F(a, b; c; z)$	1	$\tan h$	1
g_2, g_3	25	$\vartheta_0, \vartheta_0'$ u. s. w.	9
$\Gamma(z)$	1	$\vartheta_0(u)$ u. s. w.	9
Im	1	τ	17
k, k'	2	$zn(u, k)$	24
$k(\tau)$	17	$\zeta(u)$	27
$K(k),$	2		

Erstes Kapitel.

Hilfsmittel.

§ 1. Allgemeine Bezeichnungen und Hilfsfunktionen.

Ist $z = x + iy$ eine komplexe Größe, so wird ihr Realteil x mit $Re\,z$, ihr Imaginärteil y mit $Im\,z$ bezeichnet. Ein Querstrich über einer Größe bedeutet ihren konjugiert komplexen Wert, also: $\bar{z} = x - iy$. Es bedeutet $\ln z$ den natürlichen Logarithmus, und zwar seinen Hauptwert (definiert durch $-\pi < Im\,\ln z \leq \pi$). falls nichts anderes gesagt ist. Der BRIGGsche Logarithmus wird mit log bezeichnet; er tritt nur in den Zahlentafeln am Schluß des Buches auf. Die hyperbolischen Funktionen werden mit

$$\sinh x = \frac{1}{2}\,(e^x - e^{-x}), \quad \cosh x = \frac{1}{2}\,(e^x + e^{-x}), \quad \tanh x = \frac{e^x - e^{-x}}{e^x + e^{-x}}$$

bezeichnet. Der Index cm an einer Größe, die eine Länge bedeutet, besagt, daß diese Größe in Zentimetern zu messen ist; der Buchstabe Ω steht für „Ohm".

Die Gammafunktion vom Argument z wird wie üblich mit $\Gamma(z)$ bezeichnet, also

$$\Gamma(z) = \int\limits_0^\infty e^{-t}\,t^{z-1}\,dt \quad (\text{für } Re\,z > 0);$$

jedoch tritt der Buchstabe Γ allein auch als Bezeichnung der Wirbelstärke auf. Die logarithmische Ableitung der Gammafunktion wird mit $\psi(z)$ bezeichnet:

$$\psi(z) = \frac{d\Gamma(z)}{dz} \,/\, \Gamma(z).$$

Es ist für ganzzahlige Werte von $n = 1, 2, 3, \ldots$:

$$\Gamma(n+1) = n!, \quad \psi(n+1) = -C + 1 + \frac{1}{2} + \frac{1}{3} + \cdots + \frac{1}{n},$$

$$\psi\left(n + \frac{1}{2}\right) = -C - \ln 4 + 2 + \frac{2}{3} + \frac{2}{5} + \cdots + \frac{2}{2n-1}.$$

Hierin bedeutet $C = 0{,}577215 \ldots$ die EULERsche Konstante.

Die hypergeometrische Reihe $F(a, b; c; z)$ wird definiert durch

$$F(a, b, c; z) = 1 + \frac{a\,b}{c \cdot 1!}\,z + \frac{a\,(a+1)\,b\,(b+1)}{c\,(c+1) \cdot 2!}\,z^2 + \cdots = \sum_{n=0}^\infty \frac{(a)_n\,(b)_n}{(c)_n\,n!}\,z^r$$

mit $(a_n) = a\,(a+1) \ldots (a + n - 1)$ für $n > 0$ und $(a)_0 = 1$.

Formeln werden zitiert durch Angabe ihrer Nummer, falls sie aus demselben Kapitel stammen in dem sie zitiert werden. Stammen sie aus einem anderen Kapitel, so wird dessen Nummer in römischen Ziffern hinzugesetzt.

§ 2. Elliptische Integrale.

Es sei w die Quadratwurzel aus einem Polynom dritten oder vierten Grades der Veränderlichen x mit voneinander verschiedenen Nullstellen. Das unbestimmte Integral über eine rationale Funktion $R(x, w)$ von x und w heißt ein elliptisches Integral, falls es sich nicht auf geschlossene Ausdrücke in elementaren Funktionen zurückführen läßt. Durch geeignete rationale Substitutionen der Veränderlichen lassen sich alle elliptischen Integrale als Linearkombinationen von elementaren Funktionen und von elliptischen Normalintegralen ausdrücken. Es gibt drei Typen von Normalintegralen; diese hängen noch von Parametern ab, und zwar tritt in den beiden Normalintegralen der ersten Gattung je ein Parameter auf, während das Normalintegral dritter Gattung (das weiterhin nicht gebraucht wird) zwei Parameter enthält. In den Anwendungen wird die unabhängige Variable meist durch den Sinus einer anderen Variablen (die im Folgenden gewöhnlich mit φ bezeichnet ist) ersetzt. Man definiert dann:

Elliptisches Normalintegral erster Gattung in der LEGENDRE*schen Normalform* heißt die Funktion der Variablen φ und des Parameters k:

$$F(k, \varphi) = \int\limits_0^\varphi \frac{d\psi}{\sqrt{1 - k^2 \sin^2 \psi}} = \int\limits_0^{\sin \varphi} \frac{dt}{\sqrt{(1 - t^2)(1 - k^2 t^2)}} \; . \tag{1}$$

Elliptisches Normalintegral zweiter Gattung in der LEGENDRE*schen Normalform* heißt die Funktion

$$E(k, \varphi) = \int\limits_0^\varphi \sqrt{1 - k^2 \sin^2 \psi}\, d\psi = \int\limits_0^{\sin \varphi} \sqrt{\frac{1 - k^2 t^2}{1 - t^2}}\, dt. \tag{2}$$

Der in diesen Funktionen auftretende Parameter k heißt der *Modul* des elliptischen Integrals. Die Funktionen $F(k, \varphi)$ und $E(k, \varphi)$ sind für reelle, zwischen 0 und 1 gelegene Werte von k und $\sin \varphi$ tabelliert (Tabellen am Schluß des Buches). Ein großer Teil der Formeln dieses Paragraphen hat den Zweck, die Reduktion der in den Anwendungen auftretenden elliptischen Integrale auf Normalintegrale mit reellen Variablen φ und k und der Einschränkung $0 \leq \varphi \leq \frac{\pi}{2}$, $0 \leq k \leq 1$ zu ermöglichen.

Man definiert als *vollständiges elliptisches Normalintegral erster bzw. zweiter Gattung* die Funktionen $K(k)$ bzw. $E(k)$ des Moduls k durch

$$K(k) = F\left(k, \frac{\pi}{2}\right), \quad E(k) = E\left(k, \frac{\pi}{2}\right). \tag{3}$$

Man definiert ferner als *komplementären Modul* die Größe

$$k' = \sqrt{1 - k^2}, \tag{4}$$

und man erklärt die Funktionen $K'(k)$ und $E'(k)$ durch

$$K'(k) = K(k'), \quad E'(k) = E(k'). \tag{5}$$

Zwischen den beiden vollständigen elliptischen Normalintegralen besteht die Relation von LEGENDRE:

$$E\,K' + E'\,K - K\,K' = \frac{\pi}{2}.$$

Es ist, mit den Bezeichnungen aus § 1:

$$K(k) = \int_0^{\frac{\pi}{2}} \frac{d\psi}{\sqrt{1 - k^2 \sin^2 \psi}} = \int_0^1 \frac{dt}{\sqrt{(1 - t^2)(1 - k^2 t^2)}}$$

$$= \frac{\pi}{2}\left[1 + 2\frac{k^2}{8} + 9\left(\frac{k^2}{8}\right)^2 + 50\left(\frac{k^2}{8}\right)^3 + \cdots\right] \tag{6a}$$

$$= \frac{\pi}{2} F\left(\frac{1}{2}, \frac{1}{2}; 1; k^2\right) = \frac{\pi}{2} \sum_{n=0}^{\infty} \frac{\left(\frac{1}{2}\right)_n \left(\frac{1}{2}\right)_n}{n!\, n!} k^{2n}$$

$$E(k) = \int_0^{\frac{\pi}{2}} \sqrt{1 - k^2 \sin^2 \psi}\, d\psi = \int_0^1 \sqrt{\frac{1 - k^2 t^2}{1 - t^2}}\, dt$$

$$= \frac{\pi}{2}\left[1 - 2\frac{k^2}{8} - 3\left(\frac{k^2}{8}\right)^2 - 10\left(\frac{k^2}{8}\right)^3 - \cdots\right] \tag{6b}$$

$$= \frac{\pi}{2} F\left(-\frac{1}{2}, \frac{1}{2}; 1; k^2\right) = \frac{\pi}{2} \sum_{n=0}^{\infty} \frac{\left(-\frac{1}{2}\right)_n \left(\frac{1}{2}\right)_n}{n!\, n!} k^{2n}.$$

Diese Reihen sind gut brauchbar für nicht zu große Werte von k^2. Sie konvergieren für $|k| < 1$. Wenn k^2 nahe an Eins liegt, benutzt man zur Berechnung von $K(k)$ und $E(k)$ die Entwicklungen nach dem komplementären Modul k' (mit den Bezeichnungen aus § 1):

$$K(k) = \ln\left(\frac{4}{k'}\right) + \frac{1}{4}\left[\ln\left(\frac{4}{k'}\right) - 1\right] k'^2 + \cdots \tag{7a}$$

$$= \sum_{n=0}^{\infty} \frac{\left(\frac{1}{2}\right)_n \left(\frac{1}{2}\right)_n}{n!\, n!} \left[\psi(n+1) - \psi\left(n + \frac{1}{2}\right) - \ln k'\right] k'^{2n}$$

$$E(k) = 1 + \frac{1}{2}\left[\ln\left(\frac{4}{k'}\right) - \frac{1}{2}\right] k'^2 + \cdots \tag{7b}$$

$$= 1 + \frac{1}{4} \sum_{n=0}^{\infty} \frac{\left(\frac{1}{2}\right)_n \left(\frac{3}{2}\right)_n}{n!\,(n+1)!} \left[\psi(n+2) + \psi(n+1)\right.$$

$$\left. - \psi\left(n + \frac{3}{2}\right) - \psi\left(n + \frac{1}{2}\right) - 2\ln k'\right] k'^{2n+2}.$$

Diese Reihen konvergieren für $|k'| < 1$.

Für spezielle Werte von k bestehen einfache Beziehungen zwischen K und K', die aus der nachstehenden Tabelle zu ersehen sind. Es ist für

$$k = \tfrac{1}{2}\sqrt{2}, \qquad \sqrt{2}-1, \qquad \sin\frac{\pi}{18}, \qquad \frac{2-\sqrt{2}}{2+\sqrt{2}},$$

$$\frac{K'}{K} = 1, \qquad\qquad \sqrt{2}, \qquad\qquad \sqrt{3}, \qquad\qquad 2 \tag{8}$$

Für $k = \tfrac{1}{2}\sqrt{2} = \sin\dfrac{\pi}{4}$ (,,lemniskatischer Fall") wird wieder

$$K = K' = \sqrt{2}\int\limits_0^1 \frac{dt}{\sqrt{1-t^4}} = \frac{1}{4\sqrt{\pi}}\left[\Gamma\left(\tfrac{1}{4}\right)\right]^2. \tag{8a}$$

Transformationsformeln für $K(k)$ *und* $E(k)$.

$$K\left(\frac{1-k'}{1+k'}\right) = \frac{1+k'}{2}\,K(k), \quad E\left(\frac{1-k'}{1+k'}\right) = \frac{1}{1+k'}\,[E(k) + k'\,K(k)] \tag{9a}$$

$$K\left(\frac{2\sqrt{k}}{1+k}\right) = (1+k)\,K(k), \quad E\left(\frac{2\sqrt{k}}{1+k}\right) = \frac{1}{1+k}\,[2\,E(k) - k'^2\,K(k)] \tag{9b}$$

$$K\left(i\,\frac{k}{k'}\right) = k'\,K(k), \qquad K'\left(i\,\frac{k}{k'}\right) = k'\,[K'(k) - i\,K(k)] \tag{9c}$$

$$K\left(\frac{1}{k}\right) = k\,K(k) + i\,K'(k) \tag{9d}$$

Transformationsformeln für $F(k,\varphi)$ *und* $E(k,\varphi)$:

Setzt man $\operatorname{tg}\psi = \dfrac{(1+k')\operatorname{tg}\varphi}{1-k'\operatorname{tg}^2\varphi}$, so wird

$$F\left(\frac{1-k'}{1+k'},\,\psi\right) = (1+k')\,F(k,\varphi) \tag{10a}$$

$$E\left(\frac{1-k'}{1+k'},\,\psi\right) = \frac{2}{1+k'}\,[E(k,\varphi) + k'\,F(k,\varphi)] - \frac{1-k'}{1+k'}\sin\psi. \tag{10b}$$

Setzt man $\sin\psi = \dfrac{(1+k)\sin\varphi}{1+k\sin^2\varphi}$, so wird

$$F\left(\frac{2\sqrt{k}}{1+k},\,\psi\right) = (1+k)\,F(k,\varphi), \tag{10c}$$

$$E\left(\frac{2\sqrt{k}}{1+k},\,\psi\right) = \frac{1}{1+k}\left[2\,E(k,\varphi) - k'^2\,F(k,\varphi) + \right.$$

$$\left. 2k\frac{\sin\varphi\,\cos\varphi}{1+k\sin^2\varphi}\sqrt{1-k^2\sin^2\varphi}\right]. \tag{10d}$$

Weitere Transformationsformeln sind aus der nebenstehenden Tabelle A zu entnehmen.

Es ist bei diesen Transformationsformeln zu beachten, daß $F(k,\varphi)$ und $E(k,\varphi)$ mehrdeutige Funktionen sind, so daß diese Transformationsformeln zunächst nur für hinreichend kleine Werte von $|\sin\varphi|$ gelten.

Auch $K(k)$ und $E(k)$ sind mehrdeutige Funktionen von k, und die Transformationsformeln für diese enthalten zum Teil Aussagen über eine bestimmte Art der analytischen Fortsetzung.

Der Reduktion einiger elliptischer Integrale erster Gattung auf die LEGENDREsche Normalform dienen die Formeln der nachstehenden Tabelle B, in der die elliptischen Integrale der ersten Spalte gleich $A\,F(k,\varphi)$ sind; wobei die Konstante A, der Modul k und die Variable φ aus den weiteren Spalten der Tabelle zu entnehmen sind.

Tabelle A.

k_1	$\sin\varphi_1$	$\cos\varphi_1$	$F(k_1,\varphi_1)$	$E(k_1,\varphi_1)$
$i\,\dfrac{k}{k'}$	$k'\,\dfrac{\sin\varphi}{\sqrt{1-k^2\sin^2\varphi}}$	$\dfrac{\cos\varphi}{\sqrt{1-k^2\sin^2\varphi}}$	$k'\,F(k,\varphi)$	$\dfrac{1}{k'}\left[E(k,\varphi)-k^2\dfrac{\sin\varphi\cos\varphi}{\sqrt{1-k^2\sin^2\varphi}}\right]$
k'	$-\,i\tan\varphi$	$\dfrac{1}{\cos\varphi}$	$-\,i\,F(k,\varphi)$	$i\,[E(k,\varphi)-F(k,\varphi)-\sqrt{1-k^2\sin^2\varphi}\,\tan\varphi]$
$\dfrac{1}{k}$	$k\sin\varphi$	$\sqrt{1-k^2\sin^2\varphi}$	$k\,F(k,\varphi)$	$\dfrac{1}{k}[E(k,\varphi)-k'^2\,F(k,\varphi)]$
$\dfrac{1}{k'}$	$-\,i\,k'\tan\varphi$	$\dfrac{\sqrt{1-k^2\sin^2\varphi}}{\cos\varphi}$	$-\,i\,k'\,F(k,\varphi)$	$\dfrac{i}{k'}[E(k,\varphi)-k'^2\,F(k,\varphi)-\sqrt{1-k^2\sin^2\varphi}\,\tan\varphi]$
$\dfrac{k'}{i\,k}$	$\dfrac{-\,i\,k\sin\varphi}{\sqrt{1-k^2\sin^2\varphi}}$	$\dfrac{1}{\sqrt{1-k^2\sin^2\varphi}}$	$-\,i\,k\,F(k,\varphi)$	$\dfrac{i}{k}\left[E(k,\varphi)-F(k,\varphi)-\dfrac{k^2\sin\varphi\cos\varphi}{\sqrt{1-k^2\sin^2\varphi}}\right]$

I. Hilfsmittel.

Tabelle B.

$A\,F(k,\varphi)$	A	k	φ
$\displaystyle\int_{x}^{\infty}\frac{dt}{\sqrt{t^3-1}}$	$\dfrac{1}{\sqrt[4]{3}}$	$\sin 15°$	$\cos\varphi=\dfrac{x-1-\sqrt{3}}{x-1+\sqrt{3}}$
$\displaystyle\int_{1}^{x}\frac{dt}{\sqrt{t^3-1}}$	,,	,,	$\cos\varphi=\dfrac{\sqrt{3}+1-x}{\sqrt{3}-1+x}$
$\displaystyle\int_{x}^{1}\frac{dt}{\sqrt{1-t^3}}$	,,	$\sin 75°$	$\cos\varphi=\dfrac{\sqrt{3}-1+x}{\sqrt{3}+1-x}$
$\displaystyle\int_{-\infty}^{x}\frac{dt}{\sqrt{1-t^3}}$	,,	,,	$\cos\varphi=\dfrac{1-x-\sqrt{3}}{1-x+\sqrt{3}}$
$\displaystyle\int_{x}^{1}\frac{dt}{\sqrt{1+t^4}}$	$\dfrac{1}{2}$	$2\,(\sqrt{2-1})\sqrt[4]{2}$	$\cos\varphi=\dfrac{x\sqrt{2}}{1+x^4}$
$\displaystyle\int_{0}^{x}\frac{dt}{\sqrt{1+t^4}}$	$\dfrac{1}{2}$	$\sin 45°$	$\cos\varphi=\dfrac{1-x^2}{1+x^2}$
$\displaystyle\int_{x}^{\infty}\frac{dt}{\sqrt{1+t^4}}$	$\dfrac{1}{2}$	$\sin 45°$	$\cos\varphi=\dfrac{x^2-1}{x^2+1}$
$\displaystyle\int_{0}^{x}\frac{dt}{\sqrt{(a^2-t^2)\,(b^2-t^2)}}$	$\dfrac{1}{a}$	$\dfrac{b}{a}$	$\sin\varphi=\dfrac{x}{b}$
$\displaystyle\int_{x}^{b}\frac{dt}{\sqrt{(a^2-t^2)\,(b^2-t^2)}}$	,,	,,	$\cos\varphi=\sqrt{\dfrac{(a/b)^2-1}{(a/x)^2-1}}$
$\displaystyle\int_{b}^{x}\frac{dt}{\sqrt{(a^2-t^2)\,(t^2-b^2)}}$	,,	$\sqrt{1-(b/a)^2}$	$\sin\varphi=\sqrt{\dfrac{1-(b/x)^2}{1-(b/a)^2}}$
$\displaystyle\int_{x}^{a}\frac{dt}{\sqrt{(a^2-t^2)\,(t^2-b^2)}}$	,,	,,	$\sin\varphi=\sqrt{\dfrac{1-(x/a)^2}{1-(b/a)^2}}$
$\displaystyle\int_{a}^{x}\frac{dt}{\sqrt{(t^2-a^2)\,(t^2-b^2)}}$	,,	$\dfrac{b}{a}$	$\sin\varphi=\sqrt{\dfrac{1-(b/x)^2}{1-(a/x)^2}}$
$\displaystyle\int_{x}^{\infty}\frac{dt}{\sqrt{(t^2-a^2)\,(t^2-b^2)}}$	,,	,,	$\sin\varphi=\dfrac{a}{x}$
$\displaystyle\int_{0}^{x}\frac{dt}{\sqrt{(a^2+t^2)(b^2+t^2)}}$	,,	$\sqrt{1-(b/a)^2}$	$\tan\varphi=\dfrac{x}{b}$
$\displaystyle\int_{x}^{\infty}\frac{dt}{\sqrt{(a^2+t^2)(b^2+t^2)}}$	,,	,,	$\cotan\varphi=\dfrac{x}{a}$

$A\,F(k,\varphi)$	A	k	φ
$\displaystyle\int_0^x \frac{dt}{\sqrt{(a^2-t^2)(b^2+t^2)}}$	$\dfrac{1}{\sqrt{a^2+b^2}}$	$\dfrac{a}{\sqrt{a^2+b^2}}$	$\sin\varphi = \sqrt{\dfrac{1+(b/a)^2}{1+(b/x)^2}}$
$\displaystyle\int_x^a \frac{dt}{\sqrt{(a^2-t^2)(b^2+t^2)}}$	,,	,,	$\cos\varphi = \dfrac{x}{a}$
$\displaystyle\int_b^x \frac{dt}{\sqrt{(a^2+t^2)(t^2-b^2)}}$	,,	,,	$\cos\varphi = \dfrac{b}{x}$
$\displaystyle\int_x^\infty \frac{dt}{\sqrt{(a^2+t^2)(t^2-b^2)}}$	,,	,,	$\sin\varphi = \sqrt{\dfrac{1+(b/a)^2}{1+(x/a)^2}}$

Im folgenden werden eine Reihe weiterer Integrale auf die in der vorhergehenden Tabelle auftretenden und damit auf die LEGENDREsche Normalform zurückgeführt.

Es sei $X(t) = (t-a)\,(t-b)\,(t-c) \qquad a, b, c$ reell, $a > b > c$.

Setzt man $C = \dfrac{2}{\sqrt{a-c}}$, $k = \sqrt{\dfrac{b-c}{a-c}}$, $k' = \sqrt{\dfrac{a-b}{a-c}}$.

Dann ist:

Tabelle C.

$$\int_x^\infty \frac{dt}{\sqrt{X}} = C\int_0^y \frac{dt}{\sqrt{(1-t^2)(1-k^2 t^2)}} \quad \text{mit } y = \sqrt{\frac{a-c}{x-c}},$$

$$\int_{-\infty}^x \frac{dt}{\sqrt{-X}} = C\int_0^y \frac{dt}{\sqrt{(1-t^2)(1-k'^2 t^2)}} \quad \text{mit } y = \sqrt{\frac{a-c}{a-x}},$$

$$\int_a^x \frac{dt}{\sqrt{X}} = C\int_y^1 \frac{dt}{\sqrt{(1-t^2)(k'^2 + k^2 t^2)}} \quad \text{mit } y = \sqrt{\frac{a-b}{x-c}},$$

$$\int_x^a \frac{dt}{\sqrt{-X}} = C\int_0^y \frac{dt}{\sqrt{(1-t^2)(1-k'^2 t^2)}} \quad \text{mit } y = \sqrt{\frac{a-x}{a-b}},$$

$$\int_x^b \frac{dt}{\sqrt{X}} = C\int_y^1 \frac{dt}{\sqrt{(1-t^2)(t^2-k'^2)}} \quad \text{mit } y = \sqrt{\frac{a-b}{a-x}},$$

$$\int_b^x \frac{dt}{\sqrt{-X}} = C\int_y^1 \frac{dt}{\sqrt{(1-t^2)(t^2-k^2)}} \quad \text{mit } y = \sqrt{\frac{b-c}{x-c}},$$

$$\int_c^x \frac{dt}{\sqrt{X}} = C\int_0^y \frac{dt}{\sqrt{(1-t^2)(1-k^2 t^2)}} \quad \text{mit } y = \sqrt{\frac{x-c}{b-c}},$$

$$\int_x^c \frac{dt}{\sqrt{-X}} = C\int_y^1 \frac{dt}{\sqrt{(1-t^2)(k^2 + k'^2 t^2)}} \quad \text{mit } y = \sqrt{\frac{b-c}{b-x}}.$$

Folgende in der Potentialtheorie und Hydrodynamik auftretende Integrale lassen sich ebenfalls auf Kombinationen von Normalintegralen erster und zweiter Gattung zurückführen.

$$\int_x^\infty \frac{dt}{\sqrt{(a+t)(b+t)(c+t)}} = \frac{2}{\sqrt{a-c}}\, F(k,\varphi),$$

$$\int_x^\infty \frac{dt}{(a+t)\sqrt{(a+t)(b+t)(c+t)}} = \frac{2}{\sqrt{(a-c)^3}}\,\frac{F(k,\varphi)-E(k,\varphi)}{k^2},$$

$$\int_x^\infty \frac{dt}{(b+t)\sqrt{(a+t)(b+t)(c+t)}}$$
$$= \frac{2}{k^2\sqrt{(a-c)^3}}\left[\frac{E(k,\varphi)-k'^2\,F(k,\varphi)}{k^2} - \frac{\sin\varphi\cos\varphi}{\sqrt{1-k^2\sin^2\varphi}}\right],$$

$$\int_x^\infty \frac{dt}{(c+t)\sqrt{(a+t)(b+t)(c+t)}}$$
$$= \frac{2}{k'^2\sqrt{(a-c)^3}}\,[\sqrt{1-k^2\sin^2\varphi}\,\tan\varphi - E(k,\varphi)]$$

$$\text{mit } k^2 = \frac{a-b}{a-c} \text{ und } \sin^2\varphi = \frac{a-c}{a+x}.$$

Die vorstehenden Ergebnisse erhält man, indem man die Substitution $a+t = \dfrac{a-c}{\sin^2\varphi}$ einführt. Vorausgesetzt ist $a > b > c$.

Die folgenden bestimmten Integrale, die in der Theorie des Ferromagnetismus auftreten, lassen sich nach G. N. Watson (Quarterly Journal of Mathematics, Oxford series, **10**, 266—276 (1939)] auf $K(k)$ zurückführen:

$$\frac{1}{\pi^3}\int_0^\pi\int_0^\pi\int_0^\pi \frac{du\,dv\,dw}{1-\cos u\cos v\cos w} = \frac{4}{\pi^2}\, K^2\left(\sin\frac{\pi}{4}\right),$$

$$\frac{1}{\pi^3}\int_0^\pi\int_0^\pi\int_0^\pi \frac{du\,dv\,dw}{3-\cos v\cos w-\cos u\cos w-\cos u\cos v} = \frac{\sqrt{3}}{\pi^2}\, K^2\left(\sin\frac{\pi}{12}\right),$$

$$\frac{1}{\pi^3}\int_0^\pi\int_0^\pi\int_0^\pi \frac{du\,dv\,dw}{3-\cos u-\cos v-\cos w}$$
$$= \frac{4}{\pi^2}\,[18+12\sqrt{2}-10\sqrt{3}-7\sqrt{6}]\, K^2\big((2-\sqrt{3})\,(\sqrt{3}-\sqrt{2})\big).$$

Für Interpolationszwecke bei numerischen Rechnungen sind die Formeln

$$\frac{\partial F}{\partial k} = \frac{1}{k'^2}\left(\frac{E-k'^2 F}{k} - \frac{\sin\varphi\cos\varphi}{\sqrt{1-k^2\sin^2\varphi}}\right), \quad \frac{\partial E}{\partial k} = \frac{E-F}{k}$$

zur Berechnung der partiellen Ableitungen von F und E nach dem Modul k nützlich. (Die partiellen Ableitungen von F und E nach der Variablen φ sind elementare Funktionen.)

§ 3. Die Thetafunktionen.

Die vier Thetafunktionen $\vartheta_0(u, \tau)$, $\vartheta_1(u, \tau)$, $\vartheta_2(u, \tau)$, $\vartheta_3(u, \tau)$, von denen die erste auch mit $\vartheta_4(u, \tau) \equiv \vartheta_0(u, \tau)$ bezeichnet wird, sind ganze transzendente Funktionen einer komplexen Variablen u. Sie hängen außer von u noch von einem Parameter τ ab, welcher einen positiven Imaginärteil besitzen muß, aber sonst beliebig ist. Wenn τ rein imaginär ist, wird gelegentlich die Schreibweise

$$\tau = i\pi t \quad (t \text{ reell und positiv})$$

benutzt; ferner wird zur Abkürzung die Bezeichnung

$$q = e^{i\pi\tau}$$

benutzt. Der Parameter q besitzt stets einen Absolutbetrag, welcher kleiner als Eins ist; in den Anwendungen ist τ meistens rein imaginär und q mithin reell und positiv.

Als Funktion von u sind die Thetafunktionen periodisch; es hat ϑ_0, $\vartheta_3(u, \tau)$ die Periode 1, die übrigen Thetafunktionen haben die Periode 2. Bei Vermehrung des Arguments u um ein ganzzahliges Vielfaches von τ multiplizieren sich die Thetafunktionen mit Faktoren, die einfache Exponentialfunktionen von u sind; aus diesen beiden Eigenschaften ergibt sich die Möglichkeit, elliptische Funktionen als Quotienten von Thetafunktionen einzuführen. Dies ist auch für die Anwendungen wichtig, weil die Thetafunktionen sich in gut konvergente Reihen entwickeln lassen.

Wenn der Wert des Parameters τ sich von selber versteht, schreibt man

$$\vartheta_0(u), \ \vartheta_1(u), \ \vartheta_2(u), \ \vartheta_3(u)$$

statt

$$\vartheta_0(u, \tau), \ \vartheta_1(u, \tau), \ \vartheta_2(u, \tau), \ \vartheta_3(u, \tau);$$

wenn die Variable u den Wert Null besitzt, schreibt man

$$\vartheta_0, \ \vartheta_1, \ \vartheta_2, \ \vartheta_3, \ \vartheta_0', \ \vartheta_1', \ \text{usw.}$$

statt

$$\vartheta_0(0, \tau), \ \vartheta_1(0, \tau), \ \vartheta_2(0, \tau), \ \vartheta_3(0, \tau), \ \frac{\partial\vartheta_0(0, \tau)}{\partial u}, \ \frac{\partial\vartheta_1(0, \tau)}{\partial u} \ \text{usw.}$$

Man nennt $\vartheta_0, \vartheta_1, \ldots$ die *Nullwerte* von $\vartheta_0(u, \tau)$, $\vartheta_1(u, \tau)$ usw.

Ist u reell und τ rein imaginär, so sind die Werte der vier Thetafunktionen reell.

Definition der Thetafunktionen durch FOURIERsche Reihen: Es sei $\varepsilon_0 = 1$, $\varepsilon_n = 2$ für $n = 1, 2, 3, \ldots$ Dann ist

$$\vartheta_0(u, \tau) = \sum_{n=-\infty}^{+\infty} e^{i\pi\tau n^2}\, e^{i\pi n(2u+1)}$$
$$= \sum_{n=0}^{\infty} (-1)^n\, \varepsilon_n\, q^{n^2} \cos(2\pi n u). \tag{11a}$$

$$\vartheta_1(u, \tau) = i \sum_{n=-\infty}^{+\infty} (-1)^n\, e^{i\pi\tau(n-1/2)^2}\, e^{i\pi(2n-1)u}$$
$$= 2 \sum_{n=0}^{\infty} (-1)^n\, q^{(n+1/2)^2} \sin(2n+1)\pi u. \tag{11b}$$

$$\vartheta_2(u, \tau) = \sum_{n=-\infty}^{+\infty} e^{i\pi\tau(n+1/2)^2}\, e^{i\pi(2n+1)u}$$
$$= 2 \sum_{n=0}^{\infty} q^{(n+1/2)^2} \cos(2n+1)\,\pi u. \tag{11c}$$

$$\vartheta_3(u, \tau) = \sum_{n=-\infty}^{+\infty} e^{i\pi\tau n^2}\, e^{i\pi 2n u}$$
$$= \sum_{n=0}^{\infty} \varepsilon_n\, q^{n^2} \cos(2\pi n u). \tag{11d}$$

Die Thetafunktionen sind Lösungen der partiellen Differentialgleichung

$$\frac{\partial^2 \vartheta(u, \tau)}{\partial u^2} = 4\pi\, i\, \frac{\partial \vartheta(u, \tau)}{\partial \tau}, \tag{12}$$

welche für rein imaginäre Werte von $\tau = i\pi t$ (t reell) in eine reelle Differentialgleichung für u und t übergeht. Hierauf beruht das Auftreten der Thetafunktionen bzw. ihrer Integrale nach u in der Theorie der Wärmeleitung und der Diffusion; man vergleiche hierzu etwa das Beispiel der Diffusion in einer zwischen zwei parallelen ebenen Wänden eingeschlossenen Flüssigkeit in P. FRANK und R. v. MISES, Die Differential- und Integralgleichungen der Mechanik und Physik, Band II (2. Auflage, 1935), XIII, § 3.

Beziehungen zwischen den Thetafunktionen desselben Argumentes: Setzt man $k = \dfrac{\vartheta_2^2}{\vartheta_3^2}$, $k' = \dfrac{\vartheta_0^2}{\vartheta_3^2}$, so ist $k^2 + k'^2 = 1$ und es gilt:

$$\vartheta_0^2(u) = k\, \vartheta_1^2(u) + k'\, \vartheta_3^2(u),$$
$$\vartheta_2^2(u) = -k'\, \vartheta_1^2(u) + k\, \vartheta_3^2(u),$$
$$\vartheta_1^2(u) = k\, \vartheta_0^2(u) - k'\, \vartheta_2^2(u),$$
$$\vartheta_0^4(u) + \vartheta_2^4(u) = \vartheta_1^4(u) + \vartheta_3^4(u).$$

Verhalten der Thetafunktionen für kleine Werte von $|\tau|$:

$$\lim_{\tau \to 0} \sqrt{\tau}\, \vartheta_2(0, \tau) = \lim_{\tau \to 0} \sqrt{\tau}\, \vartheta_3(0, \tau) = \frac{1+i}{\sqrt{2}}.$$

*Beziehungen zwischen den Null-
werten der Thetafunktionen und ihrer
Ableitungen:*

$$\vartheta_1' = \pi\,\vartheta_2\,\vartheta_3\,\vartheta_0,$$

$$\frac{\vartheta_1'''}{\vartheta_1} = \frac{\vartheta_2''}{\vartheta_2} + \frac{\vartheta_3''}{\vartheta_3} + \frac{\vartheta_0''}{\vartheta_0}\;. \qquad (13)$$

*Beziehungen zwischen den Theta-
funktionen, ihren ersten und zweiten
Ableitungen und den Nullwerten:*

$$\frac{d^2\ln\vartheta_0\,(u)}{du^2} = \frac{\vartheta_0''}{\vartheta_0} - \left(\frac{\vartheta_1'}{\vartheta_0}\right)^2 \frac{\vartheta_1^2(u)}{\vartheta_0^2(u)},$$

$$\frac{d^2\ln\vartheta_1\,(u)}{du^2} = \frac{\vartheta_0''}{\vartheta_0} - \left(\frac{\vartheta_1'}{\vartheta_0}\right)^2 \frac{\vartheta_0^2(u)}{\vartheta_1^2(u)},$$

$$\frac{d^2\ln\vartheta_2\,(u)}{du^2} = \frac{\vartheta_0''}{\vartheta_0} - \left(\frac{\vartheta_1'}{\vartheta_0}\right)^2 \frac{\vartheta_3^2(u)}{\vartheta_2^2(u)},$$

$$\frac{d^2\ln\vartheta_3\,(u)}{du^2} = \frac{\vartheta_0''}{\vartheta_0} - \left(\frac{\vartheta_1'}{\vartheta_0}\right)^2 \frac{\vartheta_2^2(u)}{\vartheta_3^2(u)}.$$

*Transformation der Thetafunk-
tionen.*

Ersetzt man in den Thetafunktionen das Argument u durch einen
Ausdruck $u + \frac{m}{2} + \frac{n}{2}\,\tau$, wobei m
und n ganze Zahlen sind, so erhält
man wieder Thetafunktionen, multipliziert mit einer Potenz von (-1)
und mit einem Exponentialfaktor.
Einen Überblick über diese Trans-
formationen gibt die nebenstehende
Tabelle.

Tabelle D.

Vermehrung des Arguments	$\vartheta_0\,(u,\tau)$	$\vartheta_1\,(u,\tau)$	$\vartheta_2\,(u,\tau)$	$\vartheta_3\,(u,\tau)$	Exponentialfaktor
$m + n\tau$	$(-1)^n\,\vartheta_0\,(u,\tau)$	$(-1)^{m+n}\,\vartheta_1\,(u,\tau)$	$(-1)^m\,\vartheta_2\,(u,\tau)$	$\vartheta_3\,(u,\tau)$	$\left.\vphantom{\begin{matrix}a\\a\end{matrix}}\right\}\,e^{-n\pi i[2u + n\tau]}$
$m - \tfrac{1}{2} + n\tau$	$\vartheta_3\,(u,\tau)$	$(-1)^{m+1}\,\vartheta_2\,(u,\tau)$	$(-1)^{m+n}\,\vartheta_1\,(u,\tau)$	$(-1)^n\,\vartheta_0\,(u,\tau)$	
$m + (n+\tfrac{1}{2})\,\tau$	$(-1)^n\,i\vartheta_1\,(u,\tau)$	$(-1)^{m+n}\,i\vartheta_0\,(u,\tau)$	$(-1)^m\,\vartheta_3\,(u,\tau)$	$\vartheta_2\,(u,\tau)$	$\left.\vphantom{\begin{matrix}a\\a\end{matrix}}\right\}\,e^{-(n+1/2)\pi i[2u+(n+1/2)\tau]}$
$m - \tfrac{1}{2} + (n+\tfrac{1}{2})\,\tau$	$\vartheta_2\,(u,\tau)$	$\vartheta_3\,(u,\tau)$	$(-1)^{m+n}\,i\vartheta_0\,(u,\tau)$	$(-1)^n\,i\vartheta_1\,(u,\tau)$	

Sind $\alpha,\,\beta,\,\gamma,\,\delta$ ganze Zahlen,
so, daß $\alpha\,\delta - \beta\,\gamma = 1$ ist, so lassen sich die Thetafunktionen mit dem
Argument- bzw. Parameterwert

$$u' = \frac{u}{\gamma\,\tau + \delta} \qquad \tau' = \frac{\alpha\,\tau + \beta}{\gamma\,\tau + \delta}$$

wieder in einfacher Weise durch die Thetafunktionen vom Argument u

und dem Parameterwert τ ausdrücken; dies wird ermöglicht durch die Formeln der nachstehenden Zusammenstellung.

$$\vartheta_1(u,\tau+1) = e^{i\frac{\pi}{4}}\vartheta_1(u,\tau); \quad \vartheta_1\left(\frac{u}{\tau}, -\frac{1}{\tau}\right) = -i\sqrt{\frac{\tau}{i}}\, e^{i\pi\frac{u^2}{\tau}}\vartheta_1(u,\tau), \quad (14\,\text{a})$$

$$\vartheta_2(u,\tau+1) = e^{i\frac{\pi}{4}}\vartheta_2(u,\tau); \quad \vartheta_2\left(\frac{u}{\tau}, -\frac{1}{\tau}\right) = \sqrt{\frac{\tau}{i}}\, e^{i\pi\frac{u^2}{\tau}}\vartheta_0(u,\tau), \quad (14\,\text{b})$$

$$\vartheta_3(u,\tau+1) = \vartheta_0(u,\tau); \quad \vartheta_3\left(\frac{u}{\tau}, -\frac{1}{\tau}\right) = \sqrt{\frac{\tau}{i}}\, e^{i\pi\frac{u^2}{\tau}}\vartheta_3(u,\tau), \quad (14\,\text{c})$$

$$\vartheta_0(u,\tau+1) = \vartheta_3(u,\tau); \quad \vartheta_0\left(\frac{u}{\tau}, -\frac{1}{\tau}\right) = \sqrt{\frac{\tau}{i}}\, e^{i\pi\frac{u^2}{\tau}}\vartheta_2(u,\tau). \quad (14\,\text{d})$$

Für ϑ_3 erhält man nach Einsetzen von $\tau = i\pi t$ und unter Berücksichtigung der Definition von ϑ_3 die Formel (mit $\varepsilon_0 = 1$, $\varepsilon_n = 2$ für $n > 0$)

$$\vartheta_3(u, i\pi t) = \sum_{n=0}^{\infty} \varepsilon_n\, e^{-n^2\pi^2 t^2}\cos(2\pi n u) = \frac{1}{\sqrt{\pi t}} \sum_{n=-\infty}^{+\infty} e^{-\frac{(u+n)^2}{t}}. \quad (15)$$

Nullstellen und Darstellungen durch unendliche Produkte:
Die Nullstellen der Thetafunktionen sind aus der nachstehenden Tabelle zu ersehen, worin n und m wieder beliebige ganze Zahlen bedeuten:

Funktion	$\vartheta_0\,(u,\tau)$	$\vartheta_1\,(u,\tau)$	$\vartheta_2\,(u,\tau)$	$\vartheta_3\,(u,\tau)$
Nullstelle bei $u =$	$n + m\tau + \dfrac{\tau}{2}$	$n + m\tau$	$n + m\tau + \dfrac{1}{2}$	$n + m\tau + \dfrac{1}{2} + \dfrac{\tau}{2}$

Die Thetafunktionen lassen sich als unendliche Produkte schreiben:

$$\vartheta_0(u) = Q_0\prod_{n=1}^{\infty} 4q^{2n-1}\sin\left[\pi u + \left(n-\frac{1}{2}\right)\pi\tau\right]\sin\left[\pi u - \left(n-\frac{1}{2}\right)\pi\tau\right], \quad (16\,\text{a})$$

$$\vartheta_1(u) = 2Q_0 q^{\frac{1}{4}}\sin\pi u \prod_{n=1}^{\infty} 4q^{2n}\sin(\pi u + n\pi\tau)\sin(\pi u - n\pi\tau), \quad (16\,\text{b})$$

$$\vartheta_2(u) = 2Q_0 q^{\frac{1}{4}}\cos\pi u \prod_{n=1}^{\infty} 4q^{2n}\cos(\pi u + n\pi\tau)\cos(\pi u - n\pi\tau), \quad (16\,\text{c})$$

$$\vartheta_3(u) = Q_0\prod_{n=1}^{\infty} 4q^{2n-1}\cos\left[\pi u + \left(n-\frac{1}{2}\right)\pi\tau\right]\cos\left[\pi u - \left(n-\frac{1}{2}\right)\pi\tau\right]$$

$$\text{mit} \quad Q_0 = \prod_{n=1}^{\infty}(1-q^{2n}). \quad (16\,\text{d})$$

oder auch:

$$\vartheta_0(u) = Q_0 Q_5 \prod_{n=1}^{\infty} \left[1 - \frac{\cos(2\pi u)}{\cos(2n-1)\pi\tau} \right], \tag{17a}$$

$$\vartheta_1(u) = 2 Q_0 Q_4 q^{1/4} \sin(\pi u) \prod_{n=1}^{\infty} \left[1 - \frac{\cos(2\pi u)}{\cos(2n\pi\tau)} \right], \tag{17b}$$

$$\vartheta_2(u) = 2 Q_0 Q_4 q^{1/4} \cos(\pi u) \prod_{n=1}^{\infty} \left[1 + \frac{\cos(2\pi u)}{\cos(2n\pi\tau)} \right], \tag{17c}$$

$$\vartheta_3(u) = Q_0 Q_5 \prod_{n=1}^{\infty} \left[1 + \frac{\cos(2\pi u)}{\cos(2n-1)\pi\tau} \right] \tag{17d}$$

mit

$$Q_0 = \prod_{n=1}^{\infty} (1 - q^{2n}) \qquad Q_1 = \prod_{n=1}^{\infty} (1 + q^{2n}),$$

$$Q_2 = \prod_{n=1}^{\infty} (1 + q^{2n-1}) \qquad Q_3 = \prod_{n=1}^{\infty} (1 - q^{2n-1}),$$

$$Q_4 = \prod_{n=1}^{\infty} (1 + q^{4n}) \qquad Q_5 = \prod_{n=1}^{\infty} (1 + q^{4n-2}).$$

Für die Logarithmen der Thetafunktionen ergeben sich die Entwicklungen in FOURIERsche Reihen:

$$\ln \vartheta_0(u) = \ln C - 2 \sum_{n=1}^{\infty} \frac{q^n}{1 - q^{2n}} \frac{\cos(2n\pi u)}{n}, \tag{18a}$$

$$\ln \vartheta_1(u) = \tfrac{1}{4} \ln C + \ln(2\sin\pi u) - 2 \sum_{n=1}^{\infty} \frac{q^{2n}}{1 - q^{2n}} \frac{\cos(2n\pi u)}{n}, \tag{18b}$$

$$\ln \vartheta_2(u) = \tfrac{1}{4} \ln C + \ln(2\cos\pi u) - 2 \sum_{n=1}^{\infty} \frac{(-1)^n q^{2n}}{1 - q^{2n}} \frac{\cos(2n\pi u)}{n}, \tag{18c}$$

$$\ln \vartheta_3(u) = \ln C - 2 \sum_{n=1}^{\infty} \frac{(-1)^n q^n}{1 - q^{2n}} \frac{\cos(2n\pi u)}{n}. \tag{18d}$$

Die Vieldeutigkeit der Logarithmen auf beiden Seiten dieser Formeln ist durch die Vorschrift auszuschließen, daß man links den Hauptwert des Logarithmus für reelle Werte von u zwischen 0 und $\pi/2$ erhält, wenn man die Logarithmen in den rechten Seiten der Formeln reell wählt. Die Reihen für $\ln \vartheta_0(u)$ und $\ln \vartheta_3(u)$ konvergieren für $|Im\,u| < \tfrac{1}{2} Im\,\tau$; die beiden anderen Reihen konvergieren für $|Im\,u| < Im\,\tau$.

Additionstheorem der Thetafunktionen (vgl. hierzu etwa H. HANCOCK, Theory of elliptic Functions, New York 1910, S. 233ff., 346ff.). Es seien u, v, w, z vier komplexe Variable, und man setze

$$
\begin{aligned}
u' &= \tfrac{1}{2}(u + v + w + z), & w' &= \tfrac{1}{2}(u - v + w - z) \\
v' &= \tfrac{1}{2}(u + v - w - z), & z' &= \tfrac{1}{2}(u - v - w + z).
\end{aligned}
\tag{19}
$$

Es ist dann identisch in u, v, w, z:

$$u'^2 + v'^2 + w'^2 + z'^2 = u^2 + v^2 + w^2 + z^2.$$

Indem man wieder den Parameter der Thetafunktionen als fest gegeben voraussetzt und in der Bezeichnung nicht erwähnt, und die Nullwerte der Thetafunktionen durch Fortlassen des Argumentes kennzeichnet, erhält man:

$$\vartheta_3(u)\,\vartheta_3(v)\,\vartheta_3(w)\,\vartheta_3(z) + \vartheta_2(u)\,\vartheta_2(v)\,\vartheta_2(w)\,\vartheta_2(z)$$
$$= \vartheta_3(u')\,\vartheta_3(v')\,\vartheta_3(w')\,\vartheta_3(z') + \vartheta_2(u')\,\vartheta_2(v')\,\vartheta_2(w')\,\vartheta_2(z').$$

Durch Vermehrung von u um 1 erhält man hieraus

$$\vartheta_3(u)\,\vartheta_3(v)\,\vartheta_3(w)\,\vartheta_3(z) - \vartheta_2(u)\,\vartheta_2(v)\,\vartheta_2(w)\,\vartheta_2(z)$$
$$= \vartheta_0(u')\,\vartheta_0(v')\,\vartheta_0(w')\,\vartheta_0(z') + \vartheta_1(u')\,\vartheta_1(v')\,\vartheta_1(w')\,\vartheta_1(z');$$

durch Vermehrung der Argumente u, v, w, z um ganzzahlige Vielfache von $\frac{1}{2}$ und $\frac{1}{2}\tau$ sowie durch Spezialisierung (z. B. Gleichsetzen) der Werte von u, v, w, z, erhält man eine große Anzahl von Formeln, die zum Teil aus den nachstehenden Tabellen zu entnehmen sind:

Mit den Abkürzungen:

$$(\lambda\,\mu\,\nu\,\varrho) \quad \text{für} \quad \vartheta_\lambda(u)\ \ \vartheta_\mu(v)\ \ \vartheta_\nu(w)\ \ \vartheta_\varrho(z)$$
$$(\lambda\,\mu\,\nu\,\varrho)' \quad \text{für} \quad \vartheta_\lambda(u')\ \ \vartheta_\mu(v')\ \ \vartheta_\nu(w')\ \ \vartheta_\varrho(z')$$
$$[\lambda\,\mu\,\varrho\,\nu] \quad \text{für} \quad \vartheta_\lambda\ \vartheta_\mu\ \vartheta_\nu(u+v)\ \vartheta_\varrho(u-v)$$
$$\{\lambda\,\mu\,\nu\,\varrho\} \quad \text{für} \quad \vartheta_\lambda(u)\ \ \vartheta_\mu(u)\ \ \vartheta_\nu(v)\ \ \vartheta_\varrho(v),$$

worin $\lambda, \mu, \nu, \varrho$ irgendwelche der Zahlen 0, 1, 2, 3 bedeuten und u', v' w' z' aus (19) zu entnehmen sind, gilt:

Tabelle E.

$$(3333) + (2222) = (3333)' + (2222)'$$
$$(3333) - (2222) = (0000)' + (1111)'$$
$$(0000) + (1111) = (3333)' - (2222)'$$
$$(0000) - (1111) = (0000)' - (1111)'$$

$$(0033) + (1122) = (0033)' + (1122)'$$
$$(0033) - (1122) = (3300)' + (2211)'$$
$$(0022) + (1133) = (0022)' + (1133)'$$
$$(0022) - (1133) = (2200)' + (3311)'$$
$$(3322) + (0011) = (3322)' + (0011)'$$
$$(3322) - (0011) = (2233)' + (1100)'$$

$$(3201) + (2310) = (1023)' - (0132)'$$
$$(3201) - (2310) = (3201)' - (2310)'$$

Tabelle F.

$$[3333] = \{3333\} + \{1111\} = \{0000\} + \{2222\}$$
$$[3300] = \{0033\} + \{2211\} = \{3300\} + \{1122\}$$
$$[3322] = \{2233\} - \{0011\} = \{3322\} - \{1100\}$$
$$[3311] = \{1133\} - \{3311\} = \{0022\} - \{2200\}$$

$$[0033] = \{0033\} - \{1122\} = \{3300\} - \{2211\}$$
$$[0000] = \{3333\} - \{2222\} = \{0000\} - \{1111\}$$
$$[0022] = \{0022\} - \{1133\} = \{2200\} - \{3311\}$$
$$[0011] = \{3322\} - \{2233\} = \{1100\} - \{0011\}$$

$$[2233] = \{3322\} + \{0011\} = \{2233\} + \{1100\}$$
$$[2200] = \{0022\} + \{3311\} = \{1133\} + \{2200\}$$
$$[2222] = \{2222\} - \{1111\} = \{3333\} - \{0000\}$$
$$[2211] = \{1122\} - \{2211\} = \{0033\} - \{3300\}$$

$$[0202] = \{0202\} + \{1313\}; \quad [0220] = \{0202\} - \{1313\}$$
$$[3232] = \{3232\} + \{0101\}; \quad [3223] = \{3232\} - \{0101\}$$
$$[0303] = \{0303\} + \{1212\}; \quad [0330] = \{0303\} - \{1212\}$$
$$[0213] = \{1302\} + \{0213\}; \quad [0231] = \{1302\} - \{0213\}$$
$$[3210] = \{0132\} + \{3201\}; \quad [3201] = \{0132\} - \{3201\}$$
$$[0312] = \{1203\} + \{0312\}; \quad [0321] = \{1203\} - \{0312\}.$$

Aus dieser Tabelle ergeben sich für $u = v$ unter anderem die Formeln für Verdoppelung des Argumentes:

$$\vartheta_0^2\, \vartheta_3\, \vartheta_3\, (2u) \quad = \vartheta_0^2\, (u)\, \vartheta_3^2\, (u) - \vartheta_1^2\, (u)\, \vartheta_2^2\, (u)$$
$$\vartheta_0^3\, \vartheta_0\, (2u) \quad = \vartheta_3^4\, (u) - \vartheta_2^4\, (u)$$
$$\vartheta_0^2\, \vartheta_2\, \vartheta_2\, (2u) \quad = \vartheta_0^2\, (u)\, \vartheta_2^2\, (u) - \vartheta_1^2\, (u)\, \vartheta_3^2\, (u)$$
$$\vartheta_0\, \vartheta_2\, \vartheta_3\, \vartheta_1\, (2u) \quad = 2\, \vartheta_0\, (u)\, \vartheta_1\, (u)\, \vartheta_2\, (u)\, \vartheta_3\, (u).$$

§ 4. Die elliptischen Funktionen von JACOBI.

Allgemeine Vorbemerkungen über elliptische Funktionen.

Die elliptischen Funktionen sind definiert als doppeltperiodische meromorphe Funktionen. Das bedeutet, daß jede elliptische Funktion $f(u)$ der komplexen Variablen u zwei Perioden p_1 und p_2 mit nicht reellem Quotienten besitzt, so daß $f(u + n_1 p_1 + n_2 p_2) = f(u)$ ist für $n_1, n_2 = 0, \pm 1, \pm 2, \ldots$, und daß jede Zahl p mit der Eigenschaft, daß $f(u + p) = f(u)$ ist für alle Werte von u, die Form $p = n_1 p_1 + n_2 p_2$ besitzt. In einem Parallelogramm mit den Ecken $u_0, u_0 + p_1, u_0 + p_1 + p_2, u_0 + p_2$ in der u-Ebene besitzt $f(u)$ nur endlich viele Pole, und keine weiteren Singularitäten; die Summe der Ordnungen der Pole im Periodenparallelogramm heißt die Ordnung der elliptischen Funktion $f(u)$; hierbei rechnet man zum Periodenparallelogramm nicht die volle Begrenzung, sondern nur den Punkt u_0 und die von ihm ausgehenden Seiten ohne deren von u_0 verschiedene Endpunkte. Es gibt keine elliptischen Funktionen erster Ordnung; durch Lage und Vielfachheit ihrer Nullstellen und ihrer Pole im Periodenparallelogramm ist eine elliptische Funktion bis auf einen konstanten Faktor eindeutig bestimmt; hierbei ist die Summe der Ordnungen der Nullstellen im Periodenparallelogramm ebenfalls gleich der Ordnung von $f(u)$. Dasselbe gilt von der Summe der Ordnungen der Nullstellen von $f(u) - a$, wobei a eine beliebige komplexe Zahl ist. Die Summe der Residuen von $f(u)$ im Periodenparallelogramm ist Null. Die Eigenschaft der elliptischen Funktionen, doppelt periodisch zu sein, ermöglicht ihre Konstruktion durch Quotientenbildung von Thetafunktionen. Eine weitere Möglichkeit zur Konstruktion elliptischer Funktionen ist eine Darstellung in der Form

$$\sum_{n_1,\,n_2 = -\infty}^{+\infty} g(u + n_1\,p_1 + p_2\,n_2),$$

wobei g eine geeignet gewählte meromorphe Funktion ist, die so beschaffen sein muß, daß die Doppelsumme überall konvergiert (von Polen der Summanden abgesehen). Dieser Ansatz liegt der Definition der elliptischen Funktionen von WEIERSTRASS zugrunde, der unmittelbar zu einer Partialbruchzerlegung führt. Schließlich sind die elliptischen Funktionen ursprünglich gefunden worden als die Umkehrfunktionen der elliptischen Integrale erster Gattung, das heißt solcher elliptischen Integrale, die bei unbeschränkter analytischer Fortsetzung in der komplexen Ebene (deren unendlich fernen Punkt eingeschlossen) endlich bleiben.

Diese Herkunft der elliptischen Funktionen wird besonders deutlich bei den elliptischen Funktionen von JACOBI, deren erste einfach die Umkehrung des LEGENDREschen Normalintegrals erster Gattung ist. Es sind aber nicht etwa historische Gründe, die für eine Beibehaltung der JACOBIschen elliptischen Funktionen sprechen, oowohl die von WEIERSTRASS gegebene Begründung der Theorie der elliptischen Funktionen, von einem rein mathematischen Standpunkt aus gesehen, einfacher und durchsichtiger ist. In den Anwendungen treten die elliptischen Funktionen von JACOBI in völlig natürlicher Weise auf, und ihre Benutzung vereinfacht in vielen Fällen nicht nur den Formelapparat, sondern auch die praktische Auswertung der Resultate. Unter Benutzung der weiter unten eingeführten Bezeichnungen läßt sich dieser Sachverhalt folgendermaßen erläutern:

1. Eine elliptische Funktion hängt zunächst außer von der Variablen u noch von zwei Parametern, nämlich den Perioden ab. Es ist sofort

zu sehen, daß man durch Einführung eines festen Vielfachen von u als neuer Veränderlicher, das heißt durch eine ähnliche Vergrößerung und eine Drehung des Periodenparallelogramms immer erreichen könnte, daß die eine der Perioden gleich Eins würde. Eine solche Art der Reduktion der Parameteranzahl wäre aber unzweckmäßig, weil mit p_1 und p_2 auch $p_1' = a\, p_1 + b\, p_2$ und $p_2' = c\, p_1 + d\, p_2$ als Perioden gewählt werden können, wenn a, b, c, d ganze Zahlen sind und $a\, d - b\, c = 1$ ist; man führt daher statt des Periodenquotienten $\tau = p_2/p_1$ besser eine Funktion von τ ein, die bei Substitution von τ durch einen „äquivalenten" Wert $\tau' = p_2'/p_1'$ denselben oder jedenfalls nur einen unter endlich vielen verschiedenen Werten annimmt. Der Modul k der elliptischen Funktionen von Jacobi ist eine solche Funktion von τ; der mit seiner Einführung verknüpfte Nachteil besteht darin, daß man in der Praxis unter Umständen den Periodenquotienten von vorneherein kennt, und dann zunächst den Modul k und aus diesem wieder die Werte der Perioden selber mit Hilfe von transzendenten Gleichungen bestimmen muß. (Übrigens ist häufig auch der Modul von vorneherein gegeben.) In dem in den Anwendungen besonders häufig auftretenden Fall eines rechteckigen Periodenparallelogramms kann man die eine Periode reell und die andere positiv imaginär wählen, und für diesen Fall gibt es genau einen reellen Modul k mit der Eigenschaft $0 \leq k \leq 1$, so daß der Periodenquotient einen vorgeschriebenen positiv imaginären Wert besitzt. Dieser Zusammenhang ist in den Tabellen für die Beziehungen von K'/K und k am Schluß dieses Buches numerisch dargestellt.

2. Die Jacobischen Funktionen $\operatorname{sn} u$ und $\operatorname{cn} u$ sind Funktionen der Ordnung zwei mit zwei *einfachen* Polen. Dieser Fall ist in den Anwendungen wichtiger als der Fall eines zweifachen Poles, und eine Zugrundelegung der Weierstrassschen $\wp$-Funktion würde zu einer Häufung von Quadratwurzeln und Fixierung der durch diese bedingten Mehrdeutigkeiten in den Formeln nötigen.

3. Die Funktionen $\operatorname{sn}(u, k)$ und $\operatorname{cn}(u, k)$ gehen für $k = 0$ in die Funktionen $\sin u$ und $\cos u$ über.

Definition der elliptischen Funktionen von JACOBI durch die Thetafunktionen.

Unter Beibehaltung der Bezeichnung ϑ_0, ϑ_1, ϑ_2, ϑ_3 für die Werte der Thetafunktionen bei $u = 0$ ist es üblich, die elliptischen Funktionen von Jacobi folgendermaßen einzuführen: Zugleich mit dem im Vorhergehenden erklärten Parameter τ werden zunächst die Parameter k bzw. k' eingeführt durch: (vgl. die Bezeichnungen in § 3)

$$ k = \frac{\vartheta_2^2}{\vartheta_3^2} \quad \text{bzw.} \quad k' = \frac{\vartheta_0^2}{\vartheta_3^2}. \quad \text{Es ist } k^2 + k'^2 = 1. \tag{20} $$

Werden noch zwei neue Größen K und K' eingeführt durch:

$$K(\tau) \equiv K = \frac{\pi}{2}\,\vartheta_3^2\,; \qquad K'(\tau) \equiv K' = -\,i\,\tau\,K\,; \tag{21}$$

so sind die elliptischen Funktionen von Jacobi definiert durch

$$\operatorname{sn}(u,\,k) = \frac{1}{\sqrt{k}}\,\frac{\vartheta_1\!\left(\dfrac{u}{2\,K}\right)}{\vartheta_0\!\left(\dfrac{u}{2\,K}\right)},$$

$$\operatorname{cn}(u,\,k) = \sqrt{\frac{k'}{k}}\,\frac{\vartheta_2\!\left(\dfrac{u}{2\,K}\right)}{\vartheta_0\!\left(\dfrac{u}{2\,K}\right)}, \tag{22}$$

$$\operatorname{dn}(u,\,k) = \sqrt{k'}\,\frac{\vartheta_3\!\left(\dfrac{u}{2\,K}\right)}{\vartheta_0\!\left(\dfrac{u}{2\,K}\right)}.$$

Durch den neuen Parameter k ausgedrückt schreibt sich der zur Berechnung der Thetafunktionen notwendige Parameter q

$$q = e^{i\pi\tau} = e^{-\pi\frac{K'}{K}}.$$

Hierin sind K bzw. K' als Funktionen des neuen Parameters k zu berechnen als Werte der vollständigen elliptischen Integrale erster Gattung mit dem Modul k bzw. $k' = \sqrt{1 - k^2}$:

$$K = \int_0^{\pi/2} \frac{d\psi}{\sqrt{1 - k^2 \sin^2\psi}}\,, \qquad K' = \int_0^{\pi/2} \frac{d\psi}{\sqrt{1 - k'^2 \sin^2\psi}}\,.$$

Wir benutzen im folgenden stets denselben Buchstaben K für die Größe $\pi/2\,[\vartheta_3(0,\tau)]^2$ und für das vollständige elliptische Integral erster Gattung mit dem Modul k, und deuten nur durch die Bezeichnung $K(\tau)$ oder $K(k)$ an, als Funktion welcher Variablen K gerade betrachtet wird. Es hängen die Variablen k und τ dabei durch die Beziehung

$$k = [\vartheta_2(0,\,\tau)/\vartheta_3(0,\,\tau)]^2$$

zusammen. Der Zusammenhang zwischen q und k ist durch folgende für $|k| \leqq 1$ gültige Reihenentwicklung gegeben:

$$q^{1/4} = \left(\frac{k}{4}\right)^{1/2}\left[1 + 2\left(\frac{k}{4}\right)^2 + 15\left(\frac{k}{4}\right)^4 + 150\left(\frac{k}{4}\right)^6 + 1707\left(\frac{k}{4}\right)^8 + \cdots\right].$$

Setzt man

$$L = \frac{1 - \sqrt[4]{1 - k^2}}{1 + \sqrt[4]{1 - k^2}}\,,$$

so ergibt sich für q folgende sehr rasch konvergierende Entwicklung

$$q = \frac{1}{2} L + \frac{2}{2^5} L^5 + \frac{15}{2^9} L^9 + \frac{150}{2^{13}} L^{13} + \frac{1707}{2^{17}} L^{17} + \cdots. \tag{23}$$

Die Funktionen sn u, cn u, dn u, welche als *Sinus amplitudinis*, *Cosinus amplitudinis* und *Delta amplitudinis* bezeichnet werden, sind elliptische Funktionen, und zwar besitzt sn u die Perioden $4K$ und $2iK'$, cn u besitzt die Perioden $4K$ und $2K + 2iK'$ und dn u besitzt die Perioden $2K$ und $4iK'$.

Für die Quotienten und Reziproken der Funktionen sn u, cn u, dn u werden folgende Bezeichnungen gebraucht:

$$\text{ns } u = \frac{1}{\text{sn } u}, \qquad \text{nc } u = \frac{1}{\text{cn } u}, \qquad \text{ds } u = \frac{\text{dn } u}{\text{sn } u},$$

$$\text{sc } u = \frac{\text{sn } u}{\text{cn } u}, \qquad \text{sd } u = \frac{\text{sn } u}{\text{dn } u}, \qquad \text{dc } u = \frac{\text{dn } u}{\text{cn } u}, \tag{24a}$$

$$\text{cs } u = \frac{\text{cn } u}{\text{sn } u}, \qquad \text{cd } u = \frac{\text{cn } u}{\text{dn } u}, \qquad \text{nd } u = \frac{1}{\text{dn } u}.$$

Beziehungen zwischen sn u, cn u, dn u.

$$\text{sn}^2 u + \text{cn}^2 u = 1, \qquad \text{dn}^2 u + k^2 \text{sn}^2 u = 1. \tag{24b}$$

Definition der elliptischen Funktionen von JACOBI durch Umkehrung des elliptischen Normalintegrals erster Gattung.

Betrachtet man im elliptischen Integral 1. Gattung in der Legendreschen Normalform

$$u(k, \varphi) \equiv F(k, \varphi) = \int_0^\varphi \frac{d\psi}{\sqrt{1 - k^2 \sin^2 \psi}},$$

φ als Funktion von u, so heißt φ die *Amplitude* von u

$$\varphi = \text{am}(u, k). \tag{25}$$

φ ist eine unendlich vieldeutige periodische Funktion von u mit der Periode $i\,4K'$. Es drücken sich dann die Jacobischen elliptischen Funktionen folgendermaßen aus:

$$\text{sn}(u, k) = \sin \varphi = \sin \text{am}(u, k),$$

$$\text{cn}(u, k) = \cos \varphi = \cos \text{am}(u, k), \tag{26}$$

$$\text{dn}(u, k) = \sqrt{1 - k^2 \sin^2 \varphi} = \sqrt{1 - k^2 \text{sn}^2(u, k)}.$$

Wird im elliptischen Integral 1. Gattung an Stelle von φ die neue Variable $x = \sin \varphi$ eingeführt, so folgt aus

$$u\,(k,\,x) = \int\limits_0^x \frac{dt}{\sqrt{(1-t^2)\,(1-k^2\,t^2)}} \tag{27}$$

$$x = \operatorname{sn}\,(u,\,k).$$

Für die Funktion am $(u,\,k)$ gilt folgende FOURIER-Entwicklung:

$$\operatorname{am}\,(u,\,k) = \frac{\pi\,u}{2\,K} + \sum_{n=1}^{\infty} \frac{2\,q^n}{n\,(1+q^{2\,n})} \sin\left(\pi\,n\,\frac{u}{K}\right) \tag{28}$$

$$\left(q = e^{i\pi\tau} = e^{-\pi\frac{K'}{K}}\right).$$

Diese Darstellung gilt im Bereich $|\operatorname{Im}\,(u)| < \dfrac{\pi}{2}\operatorname{Im}\,(\tau)$.

Potenzreihenentwicklungen.

$$\operatorname{sn} u = u - (1+k^2)\frac{u^3}{3!} + (1+14k^2+k^4)\frac{u^5}{5!} - \cdots,$$

$$\operatorname{cn} u = 1 - \frac{u^2}{2!} + (1+4k^2)\frac{u^4}{4!} - (1+44k^2+16k^4)\frac{u^6}{6!} + \cdots, \tag{29}$$

$$\operatorname{dn} u = 1 - k^2\frac{u^2}{2!} + k^2(4+k^2)\frac{u^4}{4!} - k^2(16+44k^2+k^4)\frac{u^6}{6!} + \cdots.$$

Beziehungen zwischen Funktionen verschiedenen Argumentes:

Bei Vermehrung des Argumentes u um ganzzahlige Vielfache von K oder $i\,K'$ gehen $\operatorname{sn} u$, $\operatorname{cn} u$, $\operatorname{dn} u$ in Vielfache voneinander oder von den oben aufgeführten Reziproken und Quotienten über. Dieses ist im einzelnen aus der nachstehenden Tabelle zu ersehen, in der n und m die Zahlen $0,\, \pm 1,\, \pm 2, \ldots$ durchlaufen.

Tabelle G.

Vermehrung d. Argumentes	$\operatorname{sn} u$	$\operatorname{cn} u$	$\operatorname{dn} u$
$2m\,K + 2n\,i\,K'$	$(-1)^m \operatorname{sn} u$	$(-1)^{m+n} \operatorname{cn} u$	$(-1)^n \operatorname{dn} u$
$(2m-1)\,K + 2n\,i\,K'$	$(-1)^{m+1} \operatorname{cd} u$	$(-1)^{m+n} k' \operatorname{sd} u$	$(-1)^n k' \operatorname{nd} u$
$2m\,K + (2n+1)\,i\,K'$	$(-1)^m k^{-1} \operatorname{ns} u$	$(-1)^{m+n+1} ik^{-1} \operatorname{ds} u$	$i(-1)^{n+1} \operatorname{cs} u$
$(2m-1)\,K + (2n+1)\,i\,K'$	$(-1)^{m+1} k^{-1} \operatorname{dc} u$	$(-1)^{m+n} i\,k'\,k^{-1} \operatorname{nc} u$	$(-1)^n i\,k' \operatorname{sc} u$

Die Nullstellen und Pole ergeben sich zu

Tabelle H.

	Nullstellen	Pole
sn u	$2n\,K + 2m\,i\,K'$	$2n\,K + (2m+1)\,i\,K'$
cn u	$(2n+1)\,K + 2m\,i\,K'$	$2n\,K + (2m+1)\,i\,K'$
dn u	$(2n+1)\,K + (2m+1)\,i\,K'$	$2n\,K + (2m+1)\,i\,K'$

Differentialquotienten und Differentialgleichungen:

$$\frac{d\operatorname{sn}u}{du} = \operatorname{cn}u\,\operatorname{dn}u,$$

$$\frac{d\operatorname{cn}u}{du} = -\operatorname{sn}u\,\operatorname{dn}u, \qquad (30)$$

$$\frac{d\operatorname{dn}u}{du} = -k^2\operatorname{sn}u\,\operatorname{cn}u,$$

$$\left[\frac{d}{du}(\operatorname{sn}u)\right]^2 = (1-\operatorname{sn}^2u)(1-k^2\operatorname{sn}^2u),$$

$$\left[\frac{d}{du}(\operatorname{cn}u)\right]^2 = (1-\operatorname{cn}^2u)(k'^2+k^2\operatorname{cn}^2u),$$

$$\left[\frac{d}{du}(\operatorname{dn}u)\right]^2 = -(1-\operatorname{dn}^2u)(k'^2-\operatorname{dn}^2u).$$

Additionstheoreme.

$$\operatorname{sn}(u+v) = \frac{\operatorname{sn}u\,\operatorname{cn}v\,\operatorname{dn}v + \operatorname{sn}v\,\operatorname{cn}u\,\operatorname{dn}u}{1-k^2\operatorname{sn}^2u\,\operatorname{sn}^2v},$$

$$\operatorname{cn}(u+v) = \frac{\operatorname{cn}u\,\operatorname{cn}v - \operatorname{sn}u\,\operatorname{dn}u\,\operatorname{sn}v\,\operatorname{dn}v}{1-k^2\operatorname{sn}^2u\,\operatorname{sn}^2v}, \qquad (31)$$

$$\operatorname{dn}(u+v) = \frac{\operatorname{dn}u\,\operatorname{dn}v - k^2\operatorname{sn}u\,\operatorname{cn}u\,\operatorname{sn}v\,\operatorname{cn}v}{1-k^2\operatorname{sn}^2u\,\operatorname{sn}^2v},$$

Drückt man das einfache Argument durch das doppelte aus, so folgt

$$\operatorname{sn}^2u = \frac{1-\operatorname{cn}2u}{1+\operatorname{dn}2u},$$

$$\operatorname{cn}^2u = \frac{\operatorname{cn}2u + \operatorname{dn}2u}{1+\operatorname{dn}2u}, \qquad (32)$$

$$\operatorname{dn}^2u = \frac{\operatorname{dn}2u + k^2\operatorname{cn}2u + k'^2}{1+\operatorname{dn}2u}.$$

Tabelle I.

Werte von sn z, cn z, dn z für $z = \dfrac{n}{2} K + i \dfrac{m}{2} K'$

für $n, m = 0, 1, 2, 3, 4$.

		0	$\tfrac{1}{2} K$	K	$\tfrac{3}{2} K$	$2K$
	sn	0	$\dfrac{1}{\sqrt{1+k'}}$	1	$\dfrac{1}{\sqrt{1+k'}}$	0
0	cn	1	$\sqrt{\dfrac{k'}{1+k'}}$	0	$-\sqrt{\dfrac{k'}{1+k'}}$	-1
	dn	1	$\sqrt{k'}$	k'	$\sqrt{k'}$	1
	sn	$\dfrac{i}{\sqrt{k}}$	$\dfrac{1}{\sqrt{2k}}(\sqrt{1+k}+i\sqrt{1-k})$	$\dfrac{1}{\sqrt{k}}$	$\dfrac{1}{\sqrt{2k}}(\sqrt{1+k}-i\sqrt{1-k})$	$-\dfrac{i}{\sqrt{k}}$
$\tfrac{1}{2} i K'$	cn	$\sqrt{\dfrac{1+k}{k}}$	$\sqrt{\dfrac{k'}{2k}}(1-i)$	$-i\sqrt{\dfrac{1-k}{k}}$	$-\sqrt{\dfrac{k'}{2k}}(1+i)$	$-\sqrt{\dfrac{1+k}{k}}$
	dn	$\sqrt{1+k}$	$\sqrt{\dfrac{k'}{2}}(\sqrt{1+k'}-i\sqrt{1-k'})$	$\sqrt{1-k}$	$\sqrt{\dfrac{k'}{2}}(\sqrt{1+k'}+i\sqrt{1-k'})$	$\sqrt{1+k}$
	sn	J	$\dfrac{1}{\sqrt{1-k'}}$	$\dfrac{1}{k}$	$\dfrac{1}{\sqrt{1-k'}}$	$-J$
$i K'$	cn	$-iJ$	$-i\sqrt{\dfrac{k'}{1-k'}}$	$-i\dfrac{k'}{k}$	$-i\sqrt{\dfrac{k'}{1-k'}}$	iJ
	dn	$-ikJ$	$-i\sqrt{k'}$	0	$i\sqrt{k'}$	$-ikJ$
	sn	$-\dfrac{i}{\sqrt{k}}$	$\sqrt{1-i\dfrac{k'}{k}}$	$\dfrac{1}{\sqrt{k}}$	$\sqrt{1+i\dfrac{k'}{k}}$	$\dfrac{i}{\sqrt{k}}$
$\tfrac{3}{2} i K'$	cn	$-\sqrt{\dfrac{1+k}{k}}$	$-\sqrt{i\dfrac{k'}{k}}$	$-i\sqrt{\dfrac{1-k}{k}}$	$\sqrt{-i\dfrac{k'}{k}}$	$\sqrt{\dfrac{1+k}{k}}$
	dn	$-\sqrt{1+k}$	$\sqrt{k'(k'+ik)}$	$-\sqrt{1-k}$	$-\sqrt{k'(k'-ik)}$	$-\sqrt{1+k}$
	sn	0	$\dfrac{1}{\sqrt{1+k'}}$	1	$\dfrac{1}{\sqrt{1+k'}}$	0
$2 i K'$	cn	-1	$-\sqrt{\dfrac{k'}{1+k'}}$	0	$\sqrt{\dfrac{k'}{1+k'}}$	1
	dn	-1	$-\sqrt{k'}$	$-k'$	$-\sqrt{k'}$	-1

In dieser Tabelle ist die Summe der Größen aus der ersten Zeile
und der ersten Spalte das Argument u der elliptischen Funktion, die
in der zweiten Spalte steht und deren Wert in der Tabelle vermerkt
ist. Der Vermerk „constans mal J" bedeutet, daß die betreffende Funktion einen Pol besitzt, dessen Residuum an der fraglichen Stelle gleich
constans mal dem Residuum von $(k \operatorname{sn} u)^{-1}$ bei $u = 0$ ist.

Transformationsformeln.

Geht man von dem Argument u bzw. dem Modul k zu einem geeigneten anderen Argument u_1 und einem zugehörigen anderen Modul k_1 über, so transformieren sich die Jacobischen elliptischen Funktionen in der aus der folgenden Tabelle ersichtlichen Weise. Abkürzungshalber ist darin sn an Stelle von sn (u, k), cn an Stelle von cn (u, k) und dn an Stelle von dn (u, k) geschrieben.

Tabelle K.

u_1	k_1	sn (u_1, k_1)	cn (u_1, k_1)	dn (u_1, k_1)
$k\,u$	$\dfrac{1}{k}$	$k\,\mathrm{sn}$	dn	cn
$i\,u$	k'	$i\,\mathrm{sc}$	nc	dc
$k'\,u$	$i\,\dfrac{k}{k'}$	$k'\,\mathrm{sd}$	cd	nd
$i\,k\,u$	$i\,\dfrac{k'}{k}$	$i\,k\,\mathrm{sd}$	nd	cd
$i\,k'\,u$	$\dfrac{1}{k'}$	$i\,k'\,\mathrm{sc}$	dc	nc
$(1+k)\,u$	$\dfrac{2\sqrt{k}}{1+k}$	$\dfrac{(1+k)\,\mathrm{sn}}{1+k\,\mathrm{sn}^2}$	$\dfrac{\mathrm{cn}\,\mathrm{dn}}{1+k\,\mathrm{sn}^2}$	$\dfrac{1-k\,\mathrm{sn}^2}{1+k\,\mathrm{sn}^2}$
$(1+k')\,u$	$\dfrac{1-k'}{1+k'}$	$(1+k')\,\mathrm{sd}\,\mathrm{cn}$	$\dfrac{1-(1+k')\,\mathrm{sn}^2}{\mathrm{dn}}$	$1-(1-k')\,\mathrm{sn}$
$\dfrac{(1+k')^2\,u}{2}$	$\left(\dfrac{1-\sqrt{k'}}{1+\sqrt{k'}}\right)^2$	$\dfrac{k^2\,\mathrm{sn}\,\mathrm{cn}}{\sqrt{k_1}\,(1+\mathrm{dn})\,(k'+\mathrm{dn})}$	$\dfrac{\mathrm{dn}-\sqrt{k'}}{1-\sqrt{k'}}\sqrt{\dfrac{2\,(1+k')}{(1+\mathrm{dn})\,(\mathrm{dn}+k')}}$	$\dfrac{\sqrt{1+k_1}\,(\mathrm{dn}+\sqrt{k'})}{\sqrt{1+\mathrm{dn}}\,\sqrt{k'+\mathrm{dn}}}$

Die drittletzte Transformation wird nach GAUSS, die vorletzte nach LANDEN benannt.

Aus dieser Tabelle ergibt sich die *imaginäre Transformation von JACOBI*.

$$\operatorname{sn}(i\,u,\,k) = i\,\operatorname{sc}(u,\,k'),$$
$$\operatorname{cn}(i\,u,\,k) = \operatorname{nc}(u,\,k'), \tag{33}$$
$$\operatorname{dn}(i\,u,\,k) = \operatorname{dc}(u,\,k').$$

Fourier-Entwicklungen.

$$2Kk\,\operatorname{sn}(2K\,u) = 4\pi \sum_{n=0}^{\infty} \frac{q^{n+\frac{1}{2}}}{1-q^{2n+1}} \sin(2n+1)\pi\,u,$$

$$2Kk\,\operatorname{cn}(2Ku) = 4\pi \sum_{n=0}^{\infty} \frac{q^{n+\frac{1}{2}}}{1+q^{2n+1}} \cos(2n+1)\pi\,u, \tag{34}$$

$$2K\,\operatorname{dn}(2Ku) = \pi + 4\pi \sum_{n=0}^{\infty} \frac{q^{n}}{1+q^{2n}} \cos(2n\,\pi\,u).$$

Die vorstehenden Entwicklungen sind gültig für $|\operatorname{Im}(u)| < \frac{1}{2}\operatorname{Im}(\tau)$. Es gelten noch folgende Entwicklungen:

$$\operatorname{sn} u = \frac{\pi}{2kK} \sum_{n=-\infty}^{+\infty} \frac{1}{\sin\frac{\pi}{2K}[u-(2n-1)i\,K']},$$

$$\operatorname{cn} u = \frac{\pi i}{2kK} \sum_{n=-\infty}^{+\infty}{}' \frac{(-1)^n}{\sin\frac{\pi}{2K}[u-(2n-1)i\,K']}, \tag{35}$$

$$\operatorname{dn} u = \frac{\pi i}{2K} \sum_{n=-\infty}^{+\infty} \frac{(-1)^n}{\tan\frac{\pi}{2K}[u-(2n-1)i\,K']}.$$

§ 5. Die JACOBIsche Zetafunktion.

Die JACOBIsche Zetafunktion ist definiert durch

$$\operatorname{zn}(u,\,k) = \int_0^u \operatorname{dn}^2(t,\,k)\,dt - \frac{E(k)}{K(k)}\,u \tag{36a}$$

oder $\qquad\qquad \operatorname{zn}(u,\,k) = E(k,\,\operatorname{am}(u,\,k)) - \frac{E(k)}{K(k)}\,u. \tag{36b}$

Zusammenhang mit der Thetafunktion.

$$\operatorname{zn}(u,\,k) = \frac{d}{du}\ln\vartheta_0\left(\frac{u}{2K}\right), \quad \operatorname{zn}(u+2K) = \operatorname{zn} u. \tag{37}$$

Additionstheorem.

$$\operatorname{zn}(u+v) = \operatorname{zn} u + \operatorname{zn} v - k\,\operatorname{sn} u\,\operatorname{sn} v\,\operatorname{sn}(u+v). \tag{38}$$

Imaginäres Argument:

$$\operatorname{zn}(i\,u,\,k) = i\left[\operatorname{sc}(u,\,k')\,\operatorname{dc}(u,\,k') - \frac{\pi\,u}{2\,K\,K'} - \operatorname{zn}(u,\,k')\right]. \tag{39}$$

Fourier-Entwicklung.

$$\operatorname{zn}(u,\,k) = \frac{2\pi}{K}\sum_{n=1}^{\infty}\frac{q^n}{1-q^{2n}}\sin\left(\pi\,n\frac{u}{K}\right) = \frac{\pi}{K}\sum_{n=1}^{\infty}\frac{\sin\left(\pi\,n\dfrac{u}{K}\right)}{\sinh\left(\pi\,n\dfrac{K'}{K}\right)} \tag{40}$$

$$\text{für }\left|\operatorname{Im}\left(\frac{\pi}{2}\frac{u}{K}\right)\right| < \frac{\pi}{2}\operatorname{Im}(\tau).$$

Es ist $\operatorname{zn}(n\,K,\,k) = 0$ für $n = 0, 1, 2, \ldots$.

§ 6. Die Weierstrasssche $\wp$-Funktion

Die Weierstrasssche $\wp$-Funktion ist eine elliptische Funktion; ihre Perioden (vgl. die Vorbemerkungen zu § 4) seien 2ω und $2\omega'$. Der Quotient τ der beiden Perioden $\tau = \omega'/\omega$ sei nicht reell und habe einen positiven Imaginärteil. Die $\wp$-Funktion ist dann gegeben durch:

$$\wp(u) = \frac{1}{u^2} + \sum_{n,\,m}{}'\left[\frac{1}{(u - 2n\,\omega - 2m\,\omega')^2} - \frac{1}{(2n\omega + 2m\,\omega')^2}\right]. \tag{41}$$

Die rechtsstehende Summe ist über alle ganzzahligen Wertepaare n, m mit Ausnahme von $n = m = 0$ zu erstrecken. Die Laurentsche Reihenentwicklung um den Nullpunkt hat die Form

$$\wp(u) = \frac{1}{u^2} + \frac{g_2}{20}u^2 + \frac{g_3}{28}u^4 + \frac{g_2^2}{1200}u^6 + 3\frac{g_2\,g_3}{6160}u^8 + \cdots. \tag{42}$$

Hier treten als Parameter an Stelle der Perioden 2ω, $2\omega'$ zwei neue Größen g_2 und g_3, die sogenannten *Invarianten*, auf. Sie drücken sich durch die Perioden 2ω und $2\omega'$ folgendermaßen aus.

$$g_2 = \frac{15}{4}\sum_{n,\,m}{}'\frac{1}{(n\,\omega + m\,\omega')^4}, \qquad g_3 = \frac{35}{16}\sum_{n,\,m}{}'\frac{1}{(n\,\omega + m\,\omega')^6}. \tag{43}$$

Will man die Abhängigkeit von $\wp(u)$ von ω und ω' bzw. g_2 und g_3 betonen, so schreibt man $\wp(u;\,2\omega,\,2\omega')$ bzw. $\wp(u;\,g_2,\,g_3)$ statt $\wp(u)$. Es genügt $\wp(u)$ der Differentialgleichung erster Ordnung

$$\wp'^2 = \left(\frac{d\wp}{du}\right)^2 = 4\left\{[\wp(u) - e_1]\,[\wp(u) - e_2]\,[\wp(u) - e_3]\right\} \tag{44}$$

$$= 4\,\wp^3(u) - g_2\,\wp(u) - g_3,$$

wobei die von u unabhängigen Größen e_1, e_2, e_3 gegeben sind durch

$$e_1 = \wp(\omega), \quad e_2 = \wp(\omega + \omega'), \quad e_3 = \wp(\omega'). \tag{45}$$

Der Zusammenhang zwischen den Größen e und g ist nach dem obigen gegeben durch

$$e_1 + e_2 + e_3 = 0, \quad e_1\,e_2\,e_3 = \tfrac{1}{4}g_3, \quad e_1\,e_2 + e_1\,e_3 + e_2\,e_3 = -\tfrac{1}{4}g_2. \tag{46}$$

Aus der Differentialgleichung für $\wp(u)$ folgt, daß $y = \wp(u)$ die Umkehrfunktion ist von

$$u = \int\limits_y^\infty \frac{dt}{\sqrt{4\,t^3 - g_2\,t - g_3}} = \int\limits_y^\infty \frac{dt}{2\sqrt{(t - e_1)\,(t - e_2)\,(t - e_3)}} \,. \tag{47}$$

Additionstheorem.

$$\wp(u + v) = -\wp(u) - \wp(v) + \frac{1}{4}\left[\frac{\wp'(u) - \wp'(v)}{\wp(u) - \wp(v)}\right]^2 \,. \tag{47}$$

So ist z. B.

$$\wp(u + \omega) = e_1 + \frac{(e_1 - e_2)\,(e_1 - e_3)}{\wp(u) - e_1} \,, \tag{48a}$$

$$\wp(u + \omega + \omega') = e_2 + \frac{(e_2 - e_1)\,(e_2 - e_3)}{\wp(u) - e_2} \,, \tag{48b}$$

$$\wp(u + \omega') = e_3 + \frac{(e_3 - e_1)\,(e_3 - e_2)}{\wp(u) - e_3} \,. \tag{48c}$$

Doppeltes Argument.

$$\wp(2u) = \frac{\left[\wp^2(u) + \dfrac{g_2}{4}\right]^2 + 2 g_3\,\wp(u)}{4\,\wp^3(u) - g_2\,\wp(u) - g_3} \,. \tag{49}$$

Zusammenhang mit den Thetafunktionen.

$$\wp(u) = -\frac{\eta_1}{\omega} - \frac{d^2 \ln \vartheta_1\left(\dfrac{u}{2\omega}\right)}{d\,u^2} \,, \quad \text{mit} \quad \eta_1 = -\frac{1}{12\,\omega}\frac{\vartheta''_1}{\vartheta'_1}$$
$$q = e^{i\pi\frac{\omega'}{\omega}} \tag{50}$$

Ferner

$$\sqrt{\wp(u) - e_k} = \mp \frac{1}{2\,\omega}\frac{\vartheta'_1}{\vartheta_{k+1}}\frac{\vartheta_{k+1}\left(\dfrac{u}{2\omega}\right)}{\vartheta_1\left(\dfrac{u}{2\omega}\right)} \,. \quad (k = 1, 2, 3; \ \vartheta_4 \equiv \vartheta_0) \tag{51}$$

$$= \frac{i\pi}{\omega}\left[\frac{1}{z - z^{-1}} + \sum_{n=1}^\infty \left(\frac{q^n z^{-1}}{1 - q^{2n} z^{-2}} - \frac{q^n z}{1 - q^{2n} z^2}\right)\right]$$
$$(\text{mit } z = e^{i\pi u/(2\omega)}),$$

$$\wp'(u) = -\frac{1}{4\,\omega^3}\frac{\vartheta_2\left(\dfrac{u}{2\omega}\right)\vartheta_3\left(\dfrac{u}{2\omega}\right)\vartheta_0\left(\dfrac{u}{2\omega}\right)\vartheta_1'^3}{\vartheta_2\,\vartheta_3\,\vartheta_0\,\vartheta_1^3\left(\dfrac{u}{2\omega}\right)} \,. \tag{52}$$

Zusammenhang mit den JACOBIschen elliptischen Funktionen.

$$\wp\left(\frac{u}{\sqrt{e_1 - e_3}}\right) = e_1 + (e_1 - e_3)\frac{\mathrm{cn}^2\,u}{\mathrm{sn}^2\,u} = e_2 + (e_1 - e_3)\frac{\mathrm{dn}^2\,u}{\mathrm{sn}^2\,u}$$
$$= e_3 + (e_1 - e_3)\frac{1}{\mathrm{sn}^2\,u} \,. \tag{53}$$

Der Modul k der JACOBIschen Funktionen und das zu diesem zugehörige vollständige elliptische Integral erster Gattung ist dann

$$k = \sqrt{\frac{e_2 - e_3}{e_1 - e_3}} \,, \quad K(k) = \omega\,\sqrt{e_1 - e_3} \,. \tag{54}$$

Entwicklung nach trigonometrischen Funktionen.

$$\wp(u) = -\frac{\eta_1}{\omega} + \left(\frac{\pi}{2\omega}\right)^2 \sum_{n=-\infty}^{+\infty} \frac{1}{\sin^2\left(\frac{\pi}{2\omega}u + n\pi\frac{\omega'}{\omega}\right)}, \tag{55}$$

ferner

$$\wp(u) = -\frac{\eta_1}{\omega} + \left(\frac{\pi}{2\omega}\right)^2 \frac{1}{\sin^2\left(\frac{\pi u}{2\omega}\right)} - 2\left(\frac{\pi}{\omega}\right)^2 \sum_{n=1}^{\infty} \frac{n\,q^{2n}}{1-q^{2n}} \cos\left(n\pi\frac{u}{\omega}\right) \tag{56}$$

$$\text{mit } q = e^{i\pi\frac{\omega'}{\omega}}, \quad \eta_1 = -\frac{1}{12\,\omega}\frac{\vartheta_1'''}{\vartheta_1'}.$$

Die WEIERSTRASSsche ζ-Funktion.

Zusammenhang mit der $\wp$-Funktion:

$$\frac{d\zeta(u)}{du} = -\wp(u); \quad \zeta(u) = -\int \wp(u)\,du. \tag{57}$$

Man schreibt auch $\zeta(u) = \zeta(u;\omega,\omega')$ oder $\zeta(u) = \zeta(u;g_2,g_3)$, je nachdem, ob die Abhängigkeit von den Parametern ω, ω' oder g_2, g_8 betont werden soll.

Definition durch Partialbruchzerlegung.

$$\zeta(u) = \frac{1}{u} + \sum_{n,m}{}' \left[\frac{1}{(u-2n-2m)} + \frac{u}{(2n+2m)^2} + \frac{1}{(2n+2m)}\right] \tag{58}$$

oder, wenn eine Summation ausgeführt wird:

$$\zeta(u) = \frac{\eta_1}{\omega}u + \frac{\pi}{2\omega}\cotan\left(\frac{\pi u}{2\omega}\right) + \frac{\pi}{2\omega}\sum_{1}^{\infty}\left[\cotan\left(\frac{\pi u}{2\omega}+m\pi\frac{\omega'}{\omega}\right)\right.$$
$$\left. + \cotan\left(\frac{\pi u}{2\omega}-m\pi\frac{\omega'}{\omega}\right)\right]. \tag{59}$$

LAURENT-Entwicklung.

$$\zeta(u) = \frac{1}{u} - \frac{g_2}{60}u^3 - \frac{g_3}{140}u^5 - \cdots. \tag{60}$$

Bei Vermehrung des Arguments um die Größen $2n\,\omega$ bzw. $2m\,\omega'$ ergibt sich

$$\zeta(u + 2n\,\omega + 2m\,\omega') = \zeta(u) + 2n\,\eta_1 + 2m\,\eta_2$$
$$(n, m = 0, \pm 1, \pm 2, \ldots). \tag{61}$$

Hierbei ist

$$\eta_1 = \zeta(\omega) = -\frac{1}{12\,\omega}\frac{\vartheta_1'''}{\vartheta_1'},$$
$$\eta_2 = \zeta(\omega'), \tag{62}$$
$$\eta_3 = \zeta(\omega + \omega') = \eta_1 + \eta_2.$$

Dabei gilt (LEGENDREsche Relation):

$$\omega' \eta_1 + \omega \eta_2 = i\frac{\pi}{2}. \tag{63}$$

Additionstheorem.

$$\zeta(u+v) = \zeta(u) + \zeta(v) + \frac{1}{2}\frac{\zeta''(u)-\zeta''(v)}{\zeta'(u)-\zeta'(v)}. \tag{64}$$

Zusammenhang mit der Thetafunktion.

$$\zeta(u) = \frac{\eta_1}{\omega}u + \frac{d\ln\vartheta_1\left(\dfrac{u}{2\omega}\right)}{du}. \tag{65}$$

FOURIER-Entwicklung.

$$\zeta(u) = \frac{\eta_1}{\omega}u + \frac{\pi}{2\omega}\cotg\left(\frac{\pi u}{2\omega}\right) + \frac{2\pi}{\omega}\sum_{n=1}^{\infty}\frac{q^{2n}}{1-q^{2n}}\sin\left(n\frac{\pi u}{\omega}\right). \tag{66}$$

Die WEIERSTRASSsche σ-Funktion.

Zusammenhang mit der ζ-Funktion: $\sigma(u) = e^{\int \zeta u\,(d)\,u}$,

d. h. $\zeta(u) = \dfrac{\sigma'(u)}{\sigma(u)}.$

Definition durch eine Produktdarstellung:

$$\sigma(u) = u\prod_{n,\,m}{}' \left(1-\frac{u}{w}\right)e^{\frac{u}{w}+\frac{1}{2}\left(\frac{u}{w}\right)^2} \tag{67}$$

mit $w = 2n\omega + 2m\omega'$; $n, m = 0,\ \pm 1,\ \pm 2,\ldots$;

n, m nicht beide Null.

Reihenentwicklung um den Nullpunkt.

$$\sigma(u) = u - \frac{g_2}{2^4\cdot 3\cdot 5}u^5 - \frac{g_3}{2^3\cdot 3\cdot 5\cdot 7}u^7 - \frac{g_2^2}{2^9\cdot 3^2\cdot 5\cdot 7}u^9 - \cdots. \tag{68}$$

Bei der Vermehrung des Arguments um die Perioden der $\wp$-Funktion ergibt sich

$$\sigma(u + 2n\omega + 2m\omega') = \pm\, e^{(2n\eta_1 + 2m\eta_2)(u+n\omega+m\omega')}\,\sigma(u). \tag{69}$$

Hierbei ist das $+$-Zeichen zu wählen, wenn sowohl m als auch n gerade Zahlen sind.

Zusammenhang mit der Thetafunktion.

$$\sigma(u) = \frac{2\omega}{\vartheta_1'}e^{\frac{\eta_1}{2\omega}u^2}\,\vartheta_1\left(\frac{u}{2\omega}\right). \qquad \tau = \frac{\omega'}{\omega} \tag{70}$$

Definition von $\sigma_\alpha(u)$.

$$\sigma_\alpha(u) = e^{\frac{\eta_1}{2\omega}u^2}\frac{\vartheta_\alpha\left(\dfrac{u}{2\omega}\right)}{\vartheta_\alpha}. \qquad (\alpha = 0,\, 2,\, 3) \tag{71}$$

Substitution halber Perioden.

$$\sigma(u + \omega) = e^{\eta_1 u}\,\sigma(\omega)\,\sigma_2(u),$$
$$\sigma(u + \omega') = e^{\eta_2 u}\,\sigma(\omega')\,\sigma_0(u), \tag{72}$$
$$\sigma(u + \omega + \omega') = e^{\eta_3 u}\,\sigma(\omega + \omega')\,\sigma_3(u).$$

Zusammenhang mit der $\wp$-Funktion.

$$\frac{\sigma_2(u)}{\sigma(u)} = \sqrt{\wp(u) - e_1}\,;\ \frac{\sigma_3(u)}{\sigma(u)} = \sqrt{\wp(u) - e_1}\,;\ \frac{\sigma_0(u)}{\sigma(u)} = \sqrt{\wp(u) - e_3}\,,$$

$$\wp'(2u) = -2\,\frac{\sigma_0(u)\,\sigma_2(u)\,\sigma_3(u)}{\sigma^3(u)} = -\frac{\sigma(2u)}{\sigma^4(u)}, \tag{73}$$

$$\wp(u) - \wp(v) = -\frac{\sigma(u - v)\,\sigma(u + v)}{\sigma^2(u)\,\sigma^2(v)}. \tag{74}$$

Zusammenhang mit den JACOBIschen Funktionen.

$$\frac{\sigma(u)}{\sigma_0(u)} = \frac{\omega}{K}\operatorname{sn}\left(\frac{K u}{\omega}\right),\ \frac{\sigma_2(u)}{\sigma_0(u)} = \operatorname{cn}\left(\frac{K u}{\omega}\right),\ \frac{\sigma_3(u)}{\sigma_0(u)} = \operatorname{dn}\left(\frac{K u}{\omega}\right). \tag{75}$$

§ 7. Umrechnungsformeln und Ausartungen.

Die im Vorhergehenden behandelten Funktionen $\vartheta_\alpha(u)$, $\operatorname{sn} u$, $\operatorname{cn} u$, $\operatorname{dn} u$, $\operatorname{am} u$, $\operatorname{zn} u$, $\wp(u)$, $\zeta(u)$, $\sigma(u)$ hängen außer von der Variablen u noch von einem bzw. was die drei letzten der hier aufgeführten Funktionen betrifft, von zwei Parametern ab.

Da die letzten drei der in der nebenstehenden Tabelle aufgeführten Funktionen sich auf die Thetafunktionen bzw. auf die JACOBIschen elliptischen Funktionen zurückführen lassen, werden in der nachstehenden Übersicht die Umrechnungsformeln zusammengestellt, die es gestatten, bei Kenntnis eines Parameterpaares die anderen zu errechnen.

Funktion	Parameter
$\vartheta_\alpha(u)$	τ bzw. $q = e^{i\pi\tau}$
$\operatorname{am} u$ $\operatorname{sn} u$ $\operatorname{cn} u$ $\operatorname{dn} u$ $\operatorname{zn} u$	$k = \dfrac{\vartheta_2^2}{\vartheta_3^2}$
$\wp(u)$ $\zeta(u)$ $\sigma(u)$	$\omega,\ \omega'$ bzw. $g_2,\ g_3$ bzw. $e_1,\ e_2,\ e_3$

1. *Gegeben ω und ω'.*

Es folgt dann für die anderen Parameter

$$g_2 = \frac{15}{4}\sideset{}{'}\sum_{n,m}\frac{1}{(n\omega + m\omega')^4},\quad g_3 = \frac{35}{16}\sideset{}{'}\sum_{n,m}\frac{1}{(n\omega + m\omega')^6},$$
$$e_1 = \wp(\omega),\quad e_2 = \wp(\omega + \omega'),\quad e_3 = \wp(\omega')$$

oder

$$g_2 = \left(\frac{\pi}{\omega}\right)^4 \left\{\frac{1}{12} + 20 \sum_{n=1}^{\infty} \frac{n^3 q^{2n}}{1-q^{2n}}\right\}, \qquad g_3 = \left(\frac{\pi}{\omega}\right)^6 \left\{\frac{1}{216} - \frac{7}{3} \sum_{n=1}^{\infty} \frac{n^5 q^{2n}}{1-q^{2n}}\right\}$$

mit

$$q = e^{i\pi\frac{\omega'}{\omega}}$$

oder

$$e_1 = -\frac{\eta_1}{\omega} + \left(\frac{\pi}{2\omega}\right)^2 \left[1 + 2 \sum_{n=1}^{\infty} \frac{1}{\cos^2(n\pi\tau)}\right],$$

$$e_2 = -\frac{\eta_1}{\omega} + \frac{1}{2}\left(\frac{\pi}{\omega}\right)^2 \sum_{n=1}^{\infty} \frac{1}{\cos^2\left(\frac{2n-1}{2}\pi\tau\right)},$$

$$e_3 = -\frac{\eta_1}{\omega} + \frac{1}{2}\left(\frac{\pi}{\omega}\right)^2 \sum_{n=1}^{\infty} \frac{1}{\sin^2\left(\frac{2n-1}{2}\pi\tau\right)},$$

$$\eta_1 = +\frac{\pi^2}{2\omega}\left[\frac{1}{6} + \sum_{n=1}^{\infty} \frac{1}{\sin^2(n\pi\tau)}\right].$$

Für die Berechnung der vorstehenden Größen mittels der Thetafunktionen folgt:

$$\tau = \frac{\omega'}{\omega}; \quad q = e^{i\pi\tau}; \quad \eta_1 = -\frac{1}{12\,\omega}\frac{\vartheta_1'''}{\vartheta_1'},$$

$$g_2 = \frac{2}{3}\left(\frac{\pi}{2\omega}\right)^4 [\vartheta_0^8 + \vartheta_2^8 + \vartheta_3^8],$$

$$g_3 = \frac{4}{27}\left(\frac{\pi}{2\omega}\right)^6 [\vartheta_2^4 + \vartheta_3^4][\vartheta_0^4 + \vartheta_3^4][\vartheta_0^4 - \vartheta_2^4],$$

$$e_1 = \frac{\pi^2}{12\omega^2}[\vartheta_0^4 + \vartheta_3^4]; \quad e_2 = \frac{\pi^2}{12\omega^2}[\vartheta_2^4 - \vartheta_0^4]; \quad e_3 = -\frac{\pi^2}{12\omega^2}[\vartheta_2^4 + \vartheta_3^4].$$

Der Zusammenhang der vorstehenden Parameter mit dem der JACOBIschen elliptischen Funktionen ist:

$$k = \frac{\vartheta_2^2}{\vartheta_3^2} = \sqrt{\frac{e_2 - e_3}{e_1 - e_3}}, \qquad k' = \frac{\vartheta_0^2}{\vartheta_3^2} = \sqrt{\frac{e_1 - e_2}{e_1 - e_3}},$$

$$K(k) = \omega\sqrt{e_1 - e_3}, \qquad K(k') = -i\,\omega'\sqrt{e_1 - e_3},$$

$$K(\tau) = K = \frac{\pi}{2}\vartheta_3^2, \qquad K'(\tau) = K' = -i\,\tau\,K.$$

2. *Gegeben* e_1, e_2, e_3. $(e_1 + e_2 + e_3 = 0)$

Es ist dann:

$$\omega = \int_{e_3}^{e_2} \frac{dt}{2\sqrt{(t-e_1)(t-e_2)(t-e_3)}},$$

$$\omega' = \int_{e_2}^{e_1} \frac{dt}{2\sqrt{t-e_1)(t-e_2)(t-e_3)}},$$

$$g_2 = -4(e_2 e_3 + e_1 e_3 + e_1 e_2), \quad g_3 = 4 e_1 e_2 e_3$$

oder auch nach dem Vorhergehenden

$$\omega = \frac{K}{\sqrt{e_1 - e_3}}\,, \quad \omega' = \frac{i\,K'}{\sqrt{e_1 - e_3}} \quad \text{mit } k = \sqrt{\frac{e_2 - e_3}{e_1 - e_3}}$$

$$\text{Sodann ist wieder } \tau = \frac{\omega'}{\omega} = i\cdot\frac{K'}{K}.$$

Ausartungen der elliptischen Funktionen.

1. $k = 0,\ k' = 1$ $\qquad\qquad \omega = \dfrac{\pi}{\sqrt{6e_1}}\,, \quad \omega' = i\infty$

$$\text{sn } u = \sin u \qquad\qquad \wp(u) = -\frac{1}{3}\left(\frac{\pi}{2\omega}\right)^2 + \frac{\left(\dfrac{\pi}{2\omega}\right)^2}{\sin^2\left(\dfrac{\pi u}{2\omega}\right)}$$

$$\text{cn } u = \cos u$$

$$\text{dn } u = 1 \qquad\qquad \zeta(u) = \frac{\pi\,u}{6\omega} + \frac{\pi}{2\omega}\cot\left(\frac{\pi\,u}{2\omega}\right)$$

$$K' = \infty$$

$$K = \frac{\pi}{2} \qquad\qquad \sigma(u) = 2\frac{\omega}{\pi}\sin\left(\frac{\pi u}{2\omega}\right) e^{\frac{1}{6}\left(\frac{\pi u}{2\omega}\right)^2}$$

$$\lim_{k=0}\frac{e^{-\pi\frac{K'}{K}}}{k^2} = \frac{1}{16} \qquad\qquad q = 0,\quad \vartheta_0(u) = \vartheta_3(u) = 1$$
$$\vartheta_1(u) = \vartheta_2(u) = 0$$
$$e_2 = e_3 = -\frac{1}{2}e_1,\ g_2 = 3e_1^2,$$
$$g_3 = e_1^3$$

2. $k = 1,\ k' = 0$ $\qquad\qquad \omega = \infty,\quad \omega' = \dfrac{\pi i}{2\sqrt{3e_1}}$

$$\text{sn } u = \tanh u \qquad \wp(u) = -2e_1 + 3e_1\coth^2(u\sqrt{3e_1})$$

$$\text{cn } u = \text{dn } u = \frac{1}{\cosh u}\,, \quad \zeta(u) = -e_1 u + \sqrt{3e_1}\coth(u\sqrt{3e_1})$$

$$K = \infty,\ K' = \frac{\pi}{2} \qquad\qquad \sigma(u) = \frac{1}{\sqrt{3e_1}}\sinh(u\sqrt{3e_1})\,e^{-\frac{u^2}{2}e_1}$$

$$\lim_{k=1}\frac{e^{-\pi\frac{K}{K'}}}{1 - k^2} = \frac{1}{16} \qquad\qquad q = 1,\ e_1 = e_2 = -\frac{e_3}{2}$$
$$g_2 = 3e_3^2,\quad g_3 = e_3^3$$

Zweites Kapitel

Konforme Abbildung und Greensche Funktion.

§ 1. Rechteckiger Bereich.

Mit Hilfe des Additionstheorems Gl. (I, 31) und mit Hilfe der imaginären Transformation von Jacobi Gl. (I, 33) folgt für die durch die Funktion $\lambda = \operatorname{sn}(z, k)$ vermittelte Abbildung der z-Ebene auf die λ-Ebene

$$\lambda = \lambda_1 + i\,\lambda_2 = \operatorname{sn} z = \operatorname{sn}(x + i\,y) = \frac{\operatorname{sn} x \operatorname{cn} iy \operatorname{dn} iy + \operatorname{sn} iy \operatorname{cn} x \operatorname{dn} x}{1 - k^2 \operatorname{sn}^2 x \operatorname{sn}^2 iy}.$$

Und daraus folgt, wenn Real- und Imaginärteil getrennt werden

$$\lambda_1 = Re \operatorname{sn}(x + i\,y, k) = \frac{\operatorname{sn}(x, k)\operatorname{dn}(y, k')}{\operatorname{cn}^2(y, k') + k^2 \operatorname{sn}^2(x, k)\operatorname{sn}^2(y, k')}.$$

$$\lambda_2 = Im \operatorname{sn}(x + i\,y, k) = \frac{\operatorname{sn}(y, k')\operatorname{cn}(y, k')\operatorname{cn}(x, k)\operatorname{dn}(x, k)}{\operatorname{cn}^2(y, k') + k^2 \operatorname{sn}^2(x, k)\operatorname{sn}^2(y, k')}.$$

$$(1)$$

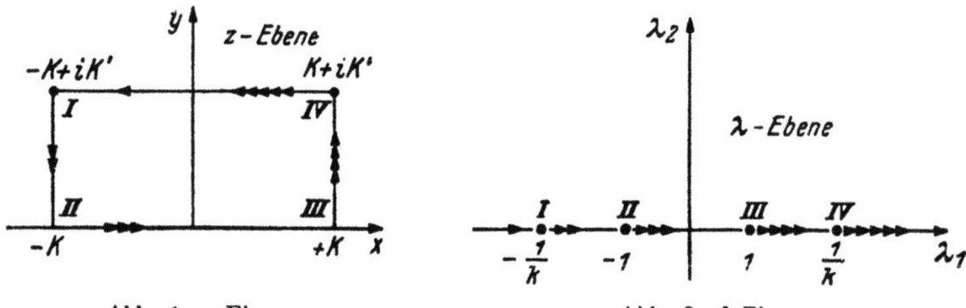

Abb. 1. z-Ebene.   Abb. 2. λ-Ebene.

Es soll nunmehr untersucht werden, welchen Weg der Bildpunkt beschreibt, wenn ein Punkt der z-Ebene den Umfang eines Rechtecks mit den Eckpunkten $-K + iK'$, $-K$, $+K$, $K + iK'$ im positiven Sinne durchläuft. Die Abbildung der z-Ebene auf die λ-Ebene wird, wie schon erwähnt, durch

$$\lambda = \operatorname{sn}(z, k)$$

vermittelt. Längs der Strecke II, III der z-Ebene ist $z = x$ mit $-K \leq x \leq +K$. Es gilt also hierfür $\lambda = \operatorname{sn}(x, k)$. Gemäß der Tabelle (I) auf S. 22 ist $\operatorname{sn}(K, k) = -\operatorname{sn}(-K, k) = 1$. Die Strecke zwischen den Punkten $-K$ und $+K$ der z-Ebene wird also auf die Strecke zwischen den Punkten -1 und $+1$ der λ-Ebene abgebildet. Für die Strecke III, IV der z-Ebene gilt

$$z = K + i\,y \quad \text{mit} \quad y \leq K'.$$

Diese Strecke geht also über in $\lambda = \operatorname{sn}(K + i\,y, k)$.

Mittels der Verwandlungstabelle (G) auf S. 20 folgt hieraus

$$\lambda = \frac{\operatorname{cn}(i\,y, k)}{\operatorname{dn}(i\,y, k)}$$

$$(2)$$

und mittels der imaginären Transformation von JACOBI

$$\lambda = \frac{\text{nc}\,(y, k')}{\text{dc}\,(y, k')} = \frac{1}{\text{dn}\,(y, k')}.$$

Für $y = 0$ ergibt sich daraus $\lambda = 1$,
Für $y = K'$ ergibt sich daraus $\lambda = 1/k$.

Der Weg III, IV der z-Ebene geht also in die Strecke zwischen den Punkten 1 und $1/k$ der reellen λ-Achse über. Es sei V der Punkt $z = iK'$. Längs des Weges IV, I der z-Ebene gilt

$$z = x + iK'$$

und

$$\lambda = \text{sn}\,(x + iK', k) = \frac{1}{k\,\text{sn}\,(x, k)},$$

wie aus der Verwandlungstabelle (G) S. 20 folgt. Wandert demnach der Punkt der z-Ebene längs der Strecke IV, V, so wandert der Bildpunkt λ vom Punkte $1/k$ der λ_1-Achse beginnend ins positiv Unendliche. Analog entspricht die Strecke V, I der z-Ebene dem zwischen $-\infty$ und $-1/k$ liegenden Stück der reellen Achse der λ-Ebene. Endlich entspricht die Strecke I, II der z-Ebene wegen

$$\lambda = \text{sn}\,(-K + iy, k) = -\frac{\text{cn}\,(iy, k)}{\text{dn}\,(iy, k)} = -\frac{1}{\text{dn}\,(y, k')}$$

dem zwischen den Punkten $-1/k$ und -1 gelegenen Stück der λ_1-Achse. Durchläuft demnach der Punkt z vom Punkte V beginnend im positiven Sinne den Umfang des Rechtecks, so durchläuft der Bildpunkt die reelle Achse der λ-Ebene von $-\infty$ bis $+\infty$. Da ein Punkt im Inneren des Rechtecks der z-Ebene, beispielsweise der auf der y-Achse gelegene Punkt $z = iy_0$ übergeht in

$$\lambda = \text{sn}\,(iy_0, k) = i\,\frac{\text{sn}\,(y_0, k')}{\text{cn}\,(y_0, k')}$$

und

$$\frac{\text{sn}\,(y_0, k')}{\text{cn}\,(y_0, k')} > 0 \text{ wegen } y_0 < K',$$

so wird der Punkt $z = iy_0$ in einen auf der positiv imaginären λ-Achse liegenden Bildpunkt übergeführt.

Aus der Tatsache, daß der einmal durchlaufene Rand des betrachteten Rechtecks der z-Ebene gerade auf die einmal durchlaufene reelle Achse der λ-Ebene abgebildet wird, daß ferner die Abbildungsfunktion $\text{sn}\,(z, k)$ im Innern des Rechtecks überall eindeutig und regulär ist, und daß schließlich ein Punkt im Innern des Rechteckes auf einen Punkt der oberen Halbebene der λ-Ebene abgebildet wird, folgt:

Die Funktion $\lambda = \text{sn}\,(z, k)$ bildet das Rechteck mit den Ecken $-K + iK'$, $-K$, $+K$, $K + iK'$ umkehrbar eindeutig auf die obere Hälfte der λ-Ebene ab.

Beachtet man, daß die Umkehrfunktion

von
$$\lambda = \mathrm{sn}\,(z, k)$$

$$z = \int\limits_0^{\lambda} \frac{dt}{\sqrt{(1 - t^2)\,(1 - k^2 t^2)}}$$

ist, so folgt hieraus, daß durch diese Abbildungsfunktion $z = f(\lambda)$ die reelle Achse der λ-Ebene in den Umfang des oben beschriebenen Rechtecks übergeht. $z = f(\lambda)$ ist ein Spezialfall einer allgemeineren von SCHWARZ und CHRISTOFFEL angegebenen Abbildungsfunktion, die es ermöglicht, die obere λ-Halbebene auf die Fläche eines geschlossenen Polygons abzubilden (siehe § 3). Eine Abbildung des Rechtecks der z-Ebene mit den Eckpunkten $-a$, $+a$, $a + i\,2b$, $-a + i\,2b$, d. h. eines solchen mit den Seitenlängen $2a$ und $2b$ auf die obere λ-Halbebene wird durch

$$\lambda = \mathrm{sn}\left(\frac{K}{a}\,z, k\right)$$

vermittelt. Der Modul k berechnet sich aus der transzendenten Gleichung

$$\frac{a}{b} = \frac{2K}{K'}\,.$$

Eine Abbildungsfunktion, die die obere λ-Halbebene in den Einheitskreis der w-Ebene überführt, ist bekanntlich

$$w = \frac{1 + i\lambda}{1 - i\lambda}\,.$$

Mithin vermittelt die Funktion

$$w = \frac{1 + i\,\mathrm{sn}\,(K\,z/a, k)}{1 - i\,\mathrm{sn}\,(K\,z/a, k)} \qquad \text{mit } \frac{a}{b} = \frac{2K}{K'}$$

eine Abbildung des Inneren des Rechtecks der z-Ebene mit den Eckpunkten $-a$, $+a$, $a + i\,2b$, $-a + i\,2b$ in das Innere des Einheitskreises der w-Ebene.

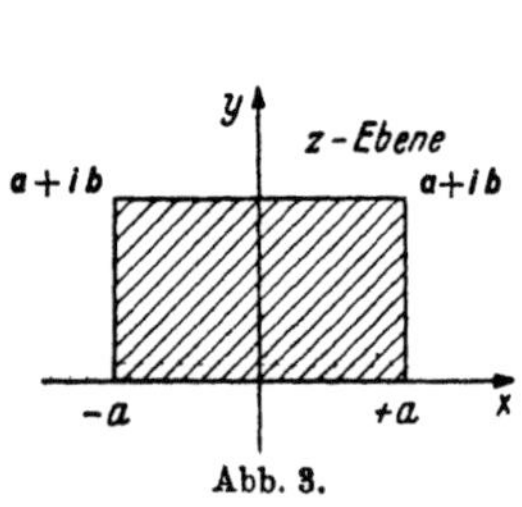

Abb. 3.

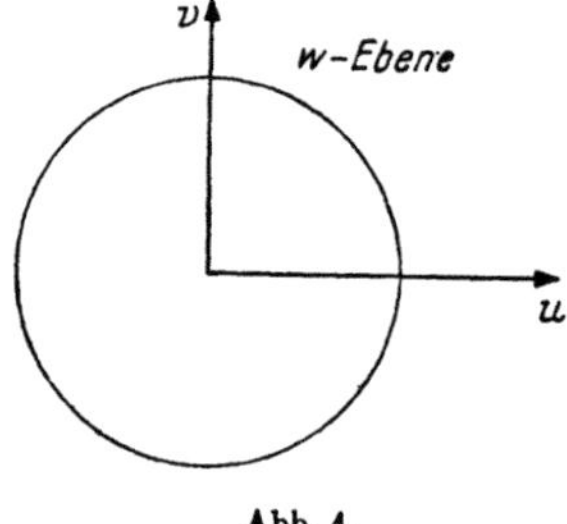

Abb. 4.

Wird nunmehr die Abbildungsfunktion $\lambda = \wp\,(z)$ betrachtet und der Umfang eines in der z-Ebene liegenden Rechtecks mit den Eckpunkten 0, ω, $\omega + \omega'$, ω' durchlaufen, wobei ω als reell und ω' als rein imaginär (und zwar positiv imaginär) vorausgesetzt wird (2ω und $2\omega'$ bedeuten die Perioden der $\wp$-Funktion), so läßt sich mit Hilfe der Gln. (I, 48) leicht nachweisen, daß der Bildpunkt der λ-Ebene die reelle Achse von $+\infty$ bis $-\infty$ genau einmal durchläuft (vgl. Abb. 5, 6).

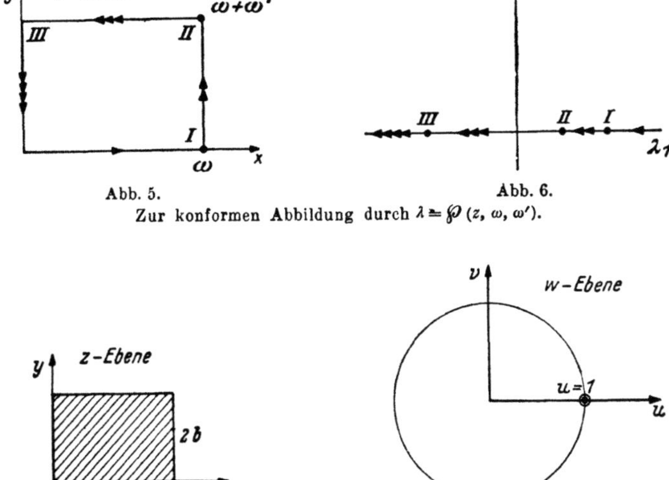

Abb. 5.　　　　　　　　　　Abb. 6.

Zur konformen Abbildung durch $\lambda = \wp(z, \omega, \omega')$.

Abb. 7.　　　　　　　　　　Abb. 8.

Zur konformen Abbildung durch $w \equiv \dfrac{1 - i\,\wp(z,\,2a,\,i\,2b)}{1 + i\,\wp(z,\,2a,\,i\,2b)}$.

Die Funktion $\lambda = \wp(z;\,\omega'\,\omega')$ vermittelt demnach eine umkehrbar eindeutige Abbildung des Inneren des Rechtecks der z-Ebene auf die untere Hälfte der λ-Ebene. Entsprechend den vorhergehenden Ausführungen bildet demnach die Funktion

$$w = \frac{1 - i\,\wp(z;\,\omega,\,\omega')}{1 + i\,\wp(z;\,\omega,\,\omega')} \qquad \text{mit } \omega = 2a, \quad \omega' = i\,2b \qquad (3)$$

das Innere eines Rechtecks der z-Ebene mit den Ecken 0, $2a$, $2a+i\,2b$. $i\,2b$ konform auf das Innere des Einheitskreises der w-Ebene ab (vgl. Abb. 7, 8).

GREENsche Funktion eines Rechtecks.

In engem Zusammenhang mit einer Abbildungsfunktion $w = f(z)$, die das Innere eines Bereichs B der z-Ebene in das Innere und die Randkurve C von B in den Umfang des Einheitskreises der w-Ebene überführt, steht die GREENsche Funktion des (als einfach zusammenhängend vorausgesetzten) Bereiches B.

Bedeutet $z = x + iy$ einen Aufpunkt, $z' = x' + iy'$ einen sog. Quellpunkt in B, so ist die GREENsche Funktion G des Bereiches B folgenden Bedingungen unterworfen.

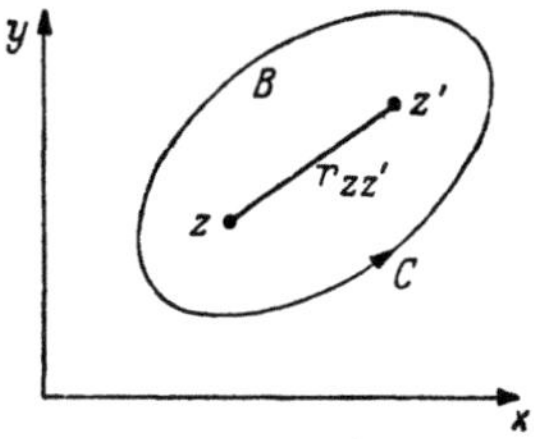

1. $G(z, z')$ soll im Inneren von B der Potntialgleichung genügen, d. h.

$$\frac{\partial^2 G}{\partial x^2} + \frac{\partial^2 G}{\partial y^2} = 0.$$

2. $G(z, z') = 0$ für alle Aufpunkte z, die auf dem Rande C von B liegen.

Abb. 9. Zur Erklärung der GREENschen Funktion.

3. $G(z, z') - \ln\left(\dfrac{1}{r_{zz'}}\right) = R(z, z')$ (mit $r_{zz'} = |z - z'|$) soll bei Annäherung des Aufpunktes z an den Quellpunkt z' regulär sein, d. h. $G(z, z')$ soll für $z = z'$ eine logarithmische Singularität besitzen.

Mit einer den Bereich B der z-Ebene konform auf den Einheitskreis der w-Ebene abbildenden Funktion $w = f(z)$ ist G gegeben durch

$$G = Re \ln \left[\frac{1 - \overline{f(z')}\, f(z)}{f(z) - f(z')} \right] \tag{4}$$

Hierbei ist $\overline{f(z')}$ der konjugiert komplexe Wert der Abbildungsfunktion $w = f(z)$ im Punkte $z = z'$. Wie man sich leicht überzeugt, erfüllt diese Funktion $G(z, z')$ die drei geforderten Bedingungen. Nach den vorhergehenden Ausführungen ist also die GREENsche Funktion eines Rechtecks der z-Ebene mit den Endpunkten $-a$, $+a$, $a + i\,2b$, $-a + i\,2b$ gegeben durch

$$G(z, z') = Re \ln \left[\frac{\operatorname{sn}\left(\dfrac{K}{a} z, k\right) - \operatorname{sn}\left(\dfrac{K}{a} \overrightarrow{z'}, k\right)}{\operatorname{sn}\left(\dfrac{K}{a} z, k\right) - \operatorname{sn}\left(\dfrac{K}{a} z', k\right)} \right]. \tag{5}$$

Hierbei ist $\overline{z'} = x' - iy'$ der konjugiert komplexe Wert von $z' = x' + iy'$. Der Modul k der Funktion sn sowie des elliptischen Integrals K berechnet sich aus der Gleichung

$$\frac{a}{b} = \frac{2K}{K'}.$$

Für ein Rechteck mit den Eckpunkten $\cdot 0$, $2a$, $2a + i\,2b$, $i\,2b$ ist die GREENsche Funktion

$$G(z, z') = Re \ln \left[\frac{\wp(z) - \wp(\overline{z'})}{\wp(z) - \wp(z')} \right] \tag{6}$$

mit $\qquad \omega = 2a,\ \omega' = i\,2b.$

Macht man Gebrauch von Gl. (I, 74), so ist

$$G(z, z') = Re \ln \left[\frac{\sigma(z - \overline{z'})\, \sigma(z + \overline{z'})}{\sigma(z - z')\, \sigma(z + z')} \right]. \tag{7}$$

Oder auch gemäß Gl. (I, 70)

$$G(z, z') = Re \ln \left[\frac{\vartheta_1\left(\dfrac{z + \overline{z}'}{4a}\right) \vartheta_1\left(\dfrac{z - \overline{z}'}{4a}\right)}{\vartheta_1\left(\dfrac{z + z'}{4a}\right) \vartheta_1\left(\dfrac{z - z'}{4a}\right)} \right] \tag{8}$$

mit
$$\tau = \frac{\omega'}{\omega} = i\,\frac{b}{a}, \quad q = e^{-\pi\frac{b}{a}}$$

Mittels Gl. (I, 16b) läßt sich hieraus durch einige Rechnungen die Beziehung ableiten:

$$G = \frac{2}{\pi\,a\,b} \sum_{n=1}^{\infty} \sum_{m=1}^{\infty} \frac{\sin\left(m\,\dfrac{\pi}{2a}\,x\right) \sin\left(n\,\dfrac{\pi}{2b}\,y\right) \sin\left(m\,\dfrac{\pi}{2a}\,x'\right) \sin\left(n\,\dfrac{\pi}{2b}\,y'\right)}{\left(\dfrac{m}{2a}\right)^2 + \left(\dfrac{n}{2b}\right)^2} . \tag{9}$$

Hier ist also die GREENsche Funktion nach Eigenfunktionen für den rechteckigen Bereich entwickelt. Man erhält (9) jedoch ohne Schwierigkeiten auch direkt durch Lösung der entsprechenden Randwertaufgabe der Potentialtheorie mit Hilfe des Spiegelungsprinzips. Die Darstellung von $G(z, z')$ in Gl. (8) hat den Vorteil, keine Doppelsumme zu enthalten, wenn man sie mit Hilfe von Gl. (I, 18) als Summe von vier einfachen unendlichen Reihen schreibt; außerdem konvergieren diese Reihen absolut, während die Doppelsumme in Gl. (9) nur bedingt konvergiert.

§ 2. Ellipsenförmiger Bereich.

Es soll zunächst gezeigt werden:

Das Innere einer Ellipse, deren Halbachsen a bzw. b mit der reellen bzw. imaginären Achse der z-Ebene zusammenfallen, wird mittels der Abbildungsfunktion

$$w = \sqrt{k}\,\operatorname{sn}\left[2\,\frac{K}{\pi}\,\operatorname{arc\,sin}\left(\frac{z}{e}\right)\right] \tag{10}$$

konform auf das Innere des Einheitskreises der w-Ebene abgebildet. Hierbei ist $e = \sqrt{a^2 - b^2}$ die lineare Exzentrizität der Ellipse. Der Modul k der elliptischen Funktion sn sowie des vollständigen elliptischen Integrals erster Gattung K bestimmt sich aus den Halbachsen a, b mittels der transzendenten Gleichung

$$\frac{K'}{K} = \frac{2}{\pi}\ln\left(\frac{a + b}{a - b}\right) .$$

Hieraus folgt dann, daß $q = e^{i\pi\tau} = e^{-\pi\frac{K'}{K}} = \left(\dfrac{a - b}{a + b}\right)^2$ ist. Mittels der Größe q berechnet sich k nach (I, 20 u. 16c, d) zu

$$k = 4\sqrt{q}\,\left[\frac{(1 + q^2)(1 + q^4)\cdots}{(1 + q)(1 + q^3)\cdots}\right]^4 . \tag{10a}$$

Weiterhin ist nach dem vorhergehenden

$$\frac{a}{e} = \frac{a}{\sqrt{(a-b)(a+b)}} = \frac{1}{2}\left(\sqrt{\frac{a-b}{a+b}} + \sqrt{\frac{a+b}{a-b}}\right) = \frac{1}{2}\left(q^{\frac{1}{4}} + q^{-\frac{1}{4}}\right)$$
$$= \cosh\left(\frac{\pi K'}{4K}\right)$$
$$\frac{b}{e} = \sqrt{\left(\frac{a}{e}\right)^2 - 1}\,\sinh\left(\frac{\pi K'}{4K}\right).$$

Die Berechtigung des Ansatzes (10) kann man folgendermaßen einsehen. Für einen Punkt auf dem Rande der Ellipse gilt $z = a\cos t + ib\sin t$, wenn t einen Parameter ($0 \leq t \leq 2\pi$) bedeutet. Hiermit ist

$$\frac{z}{e} = \frac{a}{e}\cos t + i\,\frac{b}{e}\sin t$$

und nach dem Vorhergehenden

$$\frac{z}{e} = \cosh\left(\frac{\pi K'}{4K}\right)\cos t + i\sinh\left(\frac{\pi K'}{4K}\right)\sin t$$

oder

$$\frac{z}{e} = \cos\left(i\,\frac{\pi K'}{4K} - t\right) = \sin\left(\frac{\pi}{2} + i\,\frac{\pi K'}{4K} - t\right).$$

Es ist dann für einen Punkt des Ellipsenumfangs nach Gl. (10)

$$w = \sqrt{k}\,\operatorname{sn}\left(K + i\,\frac{K'}{2} - \frac{2K}{\pi}\,t\right) \tag{10b}$$

und mittels der Verwandlungstabelle (G) auf S. 20

$$w = \sqrt{k}\,\frac{\operatorname{cn}\left(i\,\frac{K'}{2} - \frac{2Kt}{\pi}\right)}{\operatorname{dn}\left(i\,\frac{K'}{2} - \frac{2Kt}{\pi}\right)}.$$

Das Additionstheorem Gl. (I, 31) sowie die Tabelle (I) auf S. 22 liefert

$$w = \frac{\operatorname{cn}\left(\frac{2K}{\pi}\,t\right) + i\operatorname{sn}\left(\frac{2K}{\pi}\,t\right)\operatorname{dn}\left(\frac{2K}{\pi}\,t\right)}{\operatorname{dn}\left(\frac{2K}{\pi}\,t\right) + ik\operatorname{sn}\left(\frac{2K}{\pi}\,t\right)\operatorname{cn}\left(\frac{2K}{\pi}\,t\right)} \tag{11}$$

Bildet man hiervon den absoluten Betrag, so folgt dafür $|w| = 1$. D. h. der Ellipsenumfang geht durch die Abbildungsfunktion (10) in den Kreisumfang über. Eine nähere Untersuchung der Formel (11) ergibt, daß der Umfang des Einheitskreises der w-Ebene genau einmal durchlaufen wird, wenn z den Umfang der Ellipse einmal durchläuft; insbesondere erkennt man, daß mit zunehmendem t der Arcus von w in (11) ebenfalls zunimmt, da $\frac{d}{dt}\ln w$ nicht verschwindet, wie sich aus (10b) und den Formeln (I, 30) ergibt. Im einzelnen ergibt sich noch aus (11):

$$\begin{aligned}
t &= 0 & (x = a, &\quad y = 0) & w &= 1 \\
t &= \frac{\pi}{2} & (x = 0, &\quad y = b) & w &= i \\
t &= \pi & (x = -a, &\ y = 0) & w &= -1 \\
t &= 3\,\frac{\pi}{2} & (x = 0, &\quad y = -b) & w &= -i
\end{aligned}$$

Man hat nun noch zu zeigen, daß die durch Gl. (10) definierte Funktion w im Innern der Ellipse eine überall eindeutige reguläre Funktion von z ist; da der Punkt $z = 0$ vermöge Gl. (1) in den Punkt $w = 0$ übergeht, ist dann vollständig bewiesen, daß das Innere der Ellipse in der z-Ebene vermöge Gl. (10) umkehrbar-eindeutig auf das Innere des Einheitskreises der w-Ebene abgebildet wird. Nun besitzt zwar die Funktion arc sin z/e bei $z = \pm e$ einen Verzweigungspunkt, aber mit Hilfe der Fourier-Entwicklung (I, 34) findet man:

$$w = \sqrt{k}\, \operatorname{sn}\left(\frac{2K}{\pi}\, \text{arc sin}\, \frac{z}{e}\right)$$
$$= \frac{2\pi}{K\sqrt{k}} \sum_{n=0}^{\infty} \frac{q^{n+1/2}}{1-q^{2n+1}} \sin\left((2n+1)\,\text{arc sin}\,\frac{z}{e}\right). \qquad (10\text{c})$$

Hierbei ist $q = \left(\dfrac{a-b}{a+b}\right)^2$ und es wird

$$\sin\left((2n+1)\,\text{arc sin}\,\frac{z}{e}\right)$$
$$= \frac{(-1)^n}{2}\left[\left(\frac{z}{e} + i\sqrt{1-\frac{z^2}{e^2}}\right)^{2n+1} + \left(\frac{z}{e} - i\sqrt{1-\frac{z^2}{e^2}}\right)^{2n+1}\right]$$
$$= (-1)^n\, T_{2n+1}\left(\frac{z}{e}\right)$$

ein Polynom in z, für das sich leicht die folgende Abschätzung ergibt: Es ist

$$\left|T_{2n+1}\left(\frac{z}{e}\right)\right| \leq \left(\frac{a^2+b^2}{a^2-b^2}\right)^{n+1/2},$$

sofern z innerhalb der gegebenen Ellipse liegt. Man entnimmt dies aus dem Umstand, daß $\left|\dfrac{z}{e} \pm i\sqrt{1-\dfrac{z^2}{e^2}}\right|$ auf den mit der gegebenen Ellipse konfokalen Ellipsen einen konstanten Wert besitzt. Hieraus folgt wegen

$$\left|q^{n+1/2}\, T_{2n+1}\left(\frac{z}{e}\right)\right| \leq \left[\frac{(a^2+b^2)(a-b)}{(a+b)^3}\right]^{n+1/2} \leq (\sqrt{q})^{n+1/2}$$

für alle Punkte z im Innern der gegebenen Ellipse die absolute und gleichmäßige Konvergenz der Reihe (10c) im Innern der Ellipse. Die Eindeutigkeit von w ergibt sich von selber daraus, daß die T_{2n+1} Polynome sind.

Die Gl. (10) kann auch noch unter Beachtung der ersten der Gln. (I, 22) folgendermaßen geschrieben werden.

$$w = \frac{\vartheta_1\left[\dfrac{1}{\pi}\,\text{arc sin}\left(\dfrac{z}{e}\right)\right]}{\vartheta_0\left[\dfrac{1}{\pi}\,\text{arc sin}\left(\dfrac{z}{e}\right)\right]}. \qquad (12)$$

wobei der Parameter der Thetafunktion sich bestimmt aus

$$q = \left(\frac{a-b}{a+b}\right)^2, \qquad \tau = i\,\frac{2}{\pi}\,\ln\left(\frac{a+b}{a-b}\right).$$

Eine andere Form an Stelle der Gl. (10) ergibt sich, wenn man beachtet, daß

$$\arcsin\left(\frac{z}{e}\right) = -\,i\ln\left(i\,\frac{z+\sqrt{z^2-e^2}}{e}\right)$$

ist. Es folgt dann aus (10)

$$w = -\,\sqrt{k}\,\operatorname{sn}\frac{2K}{\pi}\,i\ln\left(i\,\frac{z+\sqrt{z^2-e^2}}{e}\right).$$

Unter Benutzung der imaginären Transformation von JACOBI Gl. (I, 33) ergibt sich dann weiter

$$w = -\,i\,\sqrt{k}\,\frac{\operatorname{sn}\left[\dfrac{2K}{\pi}\ln\left(i\dfrac{z+\sqrt{z^2-e^2}}{e}\right)\right]}{\operatorname{cn}\left[\dfrac{2K}{\pi}\ln\left(i\dfrac{z+\sqrt{z^2-e^2}}{e}\right)\right]},$$

wobei hier der Modul der elliptischen Funktionen k' ist. Drückt man hier die Funktionen sn und cn durch die Thetafunktionen aus mittels

$$\frac{\operatorname{sn}(u,\,k')}{\operatorname{cn}(u,\,k')} = \frac{\vartheta_1\left(\dfrac{u}{2K'}\right)}{\sqrt{k}\,\vartheta_2\left(\dfrac{u}{2K'}\right)},$$

wobei jetzt der Parameter der Thetafunktionen den Wert

$$\tau' = i\,\frac{K}{K'} = -\,\frac{1}{\tau}$$

besitzt (vgl. I, 21 und I, 22), so folgt endgültig

$$w = -\,i\,\frac{\vartheta_1\left[\dfrac{K}{\pi K'}\ln\left(i\dfrac{z+\sqrt{z^2-e^2}}{e}\right)\right]}{\vartheta_2\left[\dfrac{K}{\pi K'}\ln\left(i\dfrac{z+\sqrt{z^2-e^{2i}}}{e}\right)\right]}, \tag{13}$$

wobei nach dem vorhergehenden $\dfrac{K}{\pi K'} = \dfrac{1}{2\ln\left(\dfrac{a+b}{a-b}\right)}$ und der Parameter

der Thetafunktionen nunmehr

$$\tau' = \frac{iK}{K'} = \frac{i\pi}{2\ln\left(\dfrac{a+b}{a-b}\right)}$$

ist.

GREENsche Funktion eines ellipsenförmigen Bereiches.

Für die GREENsche Funktion eines ellipsenförmigen Bereiches ergibt sich unter Beachtung von Gl. (4) und Gl. (10) die Darstellung

$$G(z,\,z') = Re\ln\left\{\frac{1}{\sqrt{k}}\,\frac{1-k\operatorname{sn}\left[\dfrac{2K}{\pi}\arcsin\left(\dfrac{\overline{z'}}{e}\right)\right]\operatorname{sn}\left[\dfrac{2K}{\pi}\arcsin\left(\dfrac{z}{e}\right)\right]}{\operatorname{sn}\left[\dfrac{2K}{\pi}\arcsin\left(\dfrac{z}{e}\right)\right]-\operatorname{sn}\left[\dfrac{2K}{\pi}\arcsin\left(\dfrac{z'}{e}\right)\right]}\right\}, \tag{14}$$

wobei k, wie schon eingangs erwähnt, sich aus (10a) und der Gleichung

$$\frac{K'}{K} = \frac{2}{\pi} \ln\left(\frac{a+b}{a-b}\right)$$

bestimmt und $\bar{z}'$ den konjugiert komplexen Wert des Quellpunktes z' bedeutet.

Aus den Umwandlungsformeln der Tabelle (F) in Kapitel I findet man, indem man für die dort mit [2 2 1 1] und [2 2 2 2] bezeichneten Ausdrücke ihre explizit geschriebenen Werte einsetzt und den Quotienten dieser beiden Ausdrücke bildet, wobei man als Argumente der Thetafunktionen in Zähler und Nenner geeignete Werte einsetzt:

$$\frac{\vartheta_1(\varrho+\sigma)\,\vartheta_1(\varrho-\sigma)}{\vartheta_2(\varrho+\bar{\sigma})\,\vartheta_2(\varrho-\bar{\sigma})} = \frac{\vartheta_1^2(\varrho)\,\vartheta_2^2(\sigma) - \vartheta_1^2(\sigma)\,\vartheta_2^2(\varrho)}{\vartheta_2^2(\varrho)\,\vartheta_2^2(\bar{\sigma}) - \vartheta_1^2(\varrho)\,\vartheta_1^2(\bar{\sigma})}$$

Setzt man nun

$$\beta = \frac{K}{\pi K'}, \quad \varrho = \beta \ln\left(i\,\frac{z+\sqrt{z^2-e^2}}{e}\right), \quad \sigma = \beta \ln\left(i\,\frac{z'+\sqrt{z'^2-e^2}}{e}\right),$$

bezeichnet man mit einem Querstrich den konjugiert komplexen Wert der überstrichenen Größe, und berücksichtigt man ferner, daß nach Tabelle (D) aus Kapitel I die Funktionen ϑ_1 und ϑ_2 sich bei Vermehrung des Arguments um ganzzahlige Vielfache ihres Parameters

$$\tau' = i\pi\beta$$

nur um einen Faktor ± 1 ändern, und daß schließlich der Quotient

$$\vartheta_2^2(\sigma) \,\big/\, \vartheta_2^2(\bar{\sigma})$$

ebenfalls den absoluten Betrag 1 besitzt, so erhält man mit der Funktion $w(z)$ aus (13) die Beziehung:

$$Re \ln\left\{\frac{w^2(z) - w^2(z')}{1 - w^2(z)\,w^2(\bar{z}')}\right\}$$

$$= Re \ln\left\{\frac{\vartheta_1\left[\beta\ln\left(\dfrac{z+\sqrt{z^2-e^2}}{z'-\sqrt{z'^2-e^2}}\right)\right]\vartheta_1\left[\beta\ln\left(\dfrac{z+\sqrt{z^2-e^2}}{z'+\sqrt{z'^2-e^2}}\right)\right]}{\vartheta_2\left[\beta\ln\left(\dfrac{z+\sqrt{z^2-e^2}}{\bar{z}'-\sqrt{\bar{z}'^2-e^2}}\right)\right]\vartheta_2\left[\beta\ln\left(\dfrac{z+\sqrt{z^2-e^2}}{\bar{z}'+\sqrt{\bar{z}'^2-e^2}}\right)\right]}\right\}$$

und hieraus ergibt sich nach der allgemeinen Gleichung (4) und wegen $w(-z) = -w(z)$, $w(\bar{z}') = \overline{w(z')}$ für die GREENsche Funktion $G(z, z')$ eines ellipsenförmigen Bereiches die Beziehung:

$$-[G(z, z') + G(-z, z')] =$$

$$= Re \ln\left\{\frac{\vartheta_1\left[\beta\ln\left(\dfrac{z+\sqrt{z^2-e^2}}{z'+\sqrt{z'^2-e^2}}\right)\right]\vartheta_1\left[\beta\ln\left(\dfrac{z+\sqrt{z^2-e^2}}{z'-\sqrt{z'^2-e^2}}\right)\right]}{\vartheta_2\left[\beta\ln\left(\dfrac{z+\sqrt{z^2-e^2}}{\bar{z}'+\sqrt{\bar{z}'^2-e^2}}\right)\right]\vartheta_2\left[\beta\ln\left(\dfrac{z+\sqrt{z^2-e^2}}{\bar{z}'-\sqrt{\bar{z}'^2-e^2}}\right)\right]}\right\} \tag{15}$$

mit $\beta = \dfrac{K}{\pi K'} = \dfrac{1}{2\ln\left(\dfrac{a+b}{a-b}\right)}$.

Der Parameter der Thetafunktionen ist

$$\tau' = \frac{i\,\pi}{2\ln\!\left(\dfrac{a+b}{a-b}\right)} = i\,\pi\,\beta.$$

Literatur zum vorstehenden Paragraphen.

Schwarz, H. A.: Über einige Abbildungsaufgaben. J. Math. **70**, 105 (1869).

Numerische Untersuchungen bei E. J. Nyström, Acta Mathematica **54**, 185—204 und Societatis Scientiarum Fennica Commentationes IV, 15 (1928).

§ 3. Polygonale Bereiche.

Gegeben ist in der z-Ebene ein geschlossenes Polygon von n Ecken mit den Eckpunkten z_1, z_2, $\ldots z_n$ und den Außenwinkeln α_1, α_2, $\ldots \alpha_n$ wobei nach dem Außenwinkelsatz $\alpha_1 + \alpha_2 + \cdots + \alpha_n = 2\,\pi$ ist. (Positive Werte von α bedeuten ausspringende, negative einspringende Ecken des Polygons, vgl. Abb. 10.) Es liefert dann eine der folgenden Beziehung genügende Funktion $z\,(\lambda)$:

$$\frac{dz}{d\lambda} = A\,(\lambda - \lambda_1)^{-\frac{\alpha_1}{\pi}}\,(\lambda - \lambda_2)^{-\frac{\alpha_2}{\pi}}\,\ldots\,(\lambda - \lambda_n)^{-\frac{\alpha_n}{\pi}} \tag{16}$$

eine Abbildung der oberen λ-Halbebene auf das Innere des Polygons der z-Ebene. Die Punkte $\lambda_1 \ldots \lambda_n$ $(\lambda_1 < \lambda_2 < \cdots < \lambda_n)$ der reellen λ-Achse gehen dabei in die Ecken des Polygons über. A ist eine (im allgemeinen komplexe) Konstante. Die Abbildungsfunktion z aus Gl. (16)

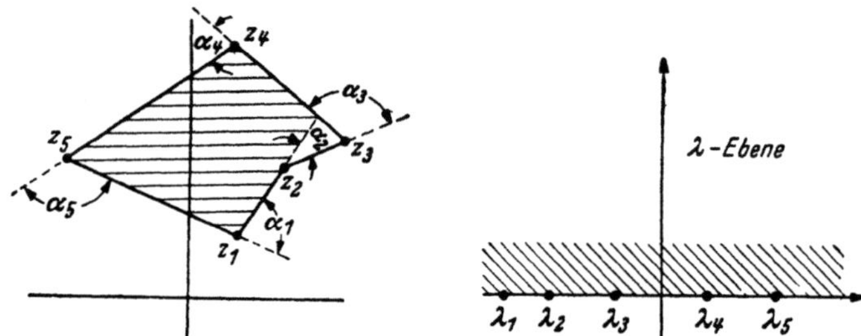

Abb. 10   Abb. 11.
Zur konformen Abbildung eines Polygons auf eine Halbebene.

wird die Schwarz-Christoffelsche Abbildungsfunktion genannt. Wird die obere λ-Halbebene durch die Substitution

$$w = \frac{1 + i\lambda}{1 - i\lambda}$$

konform auf das Innere des Einheitskreises der w-Ebene abgebildet, so folgt mit

$$\lambda = i\,\frac{1-w}{1+w}$$

$$d\lambda = -\,2\,i\,\frac{dw}{(1+w)^2}$$

$$\lambda - \lambda_r = 2\,i\,w_r\,\frac{1-\dfrac{w}{w_r}}{(1+w)\,(1+w_r)} \qquad\qquad (r = 1,\,2,\,\ldots,\,n)$$

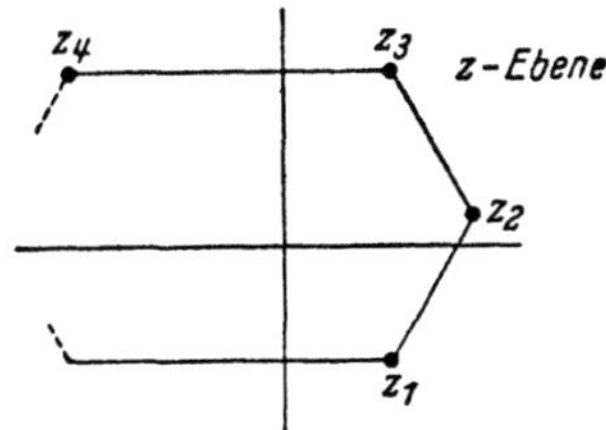

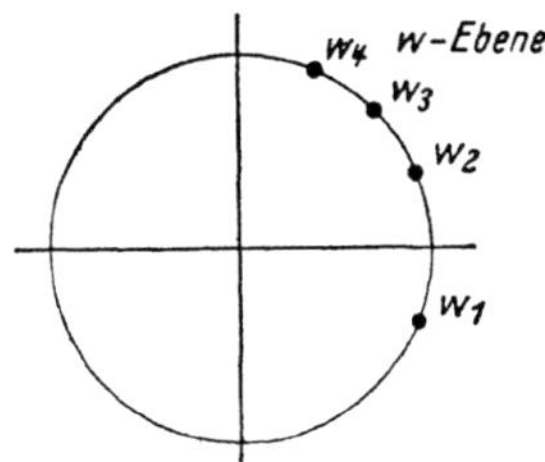

Abb. 12.   Abb. 13.
Zur konformen Abbildung eines Polygones auf den Einheitskreis.

aus Gl. (16)

$$\frac{dz}{dw} = -\,2\,i\left(\frac{2\,i\,w_1}{1+w_1}\right)^{-\frac{\alpha_1}{\pi}}\left(\frac{2\,i\,w_2}{1+w_2}\right)^{-\frac{\alpha_2}{\pi}}\cdots\left(\frac{2\,i\,w_n}{1+w_n}\right)^{-\frac{\alpha_n}{\pi}}$$

$$\cdot\,A\left(1-\frac{w}{w_1}\right)^{-\frac{\alpha_1}{\pi}}\cdots\left(1-\frac{w}{w_n}\right)^{-\frac{\alpha_n}{\pi}}$$

oder, mit einer neuen Konstanten B

$$\frac{dz}{dw} = B\left(1-\frac{w}{w_1}\right)^{-\frac{\alpha_1}{\pi}}\left(1-\frac{w}{w_2}\right)^{-\frac{\alpha_2}{\pi}}\cdots\left(1-\frac{w}{w_n}\right)^{-\frac{\alpha_n}{\pi}} \tag{17}$$

Durch Gl. (17) wird demnach eine konforme Abbildung des Inneren des Polygons der z-Ebene auf das Innere des Einheitskreises der w-Ebene

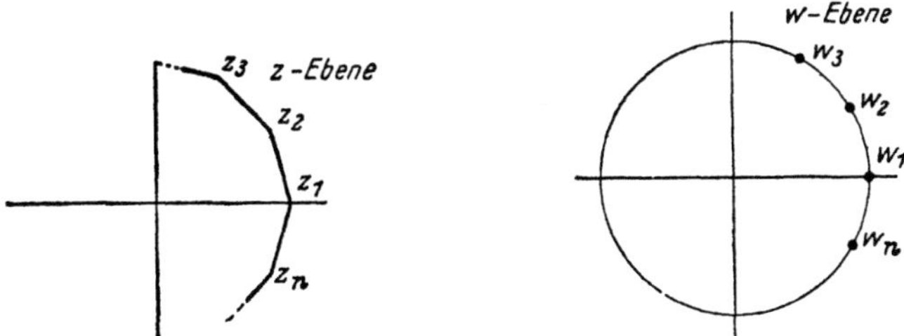

Abb. 14.   Abb. 15.
Zur konformen Abbildung regelmäßiger Polygone auf den Einheitskreis.

vermittelt. Die Punkte $w_1, w_2, \ldots w_n$ auf dem Einheitskreis der w-Ebene entsprechen dabei den Eckpunkten $z_1, z_2, \ldots z_n$ des Polygons der z-Ebene.

Regelmäßige Polygone, Innengebiet.

Ist das Polygon ein regelmäßiges mit der Seitenlänge $2\,a$, d. h. $\alpha_1 = \alpha_2 = \cdots = \alpha_n = \dfrac{2\pi}{n}$ und nimmt man an, daß der Mittelpunkt des Polygons in den Nullpunkt der z-Ebene und ein Eckpunkt auf die reelle Achse zu liegen kommt, so kann man aus Symmetriegründen erreichen, daß die den Eckpunkten z_r des Polygons entsprechenden Punkte w_r auf dem Einheitskreis der w-Ebene das gleiche Argument haben, d. h.

$$\arg z_r = \arg w_r = \frac{2\pi}{n}\,(r-1) \qquad (r = 1, 2, \ldots n).$$

In diesem speziellen Fall vereinfacht sich die Abbildungsfunktion (17) wesentlich. Es ist also

$$w_r = e^{\,i\,2\,\frac{\pi}{n}\,(r-1)} \qquad (r = 1, 2, \ldots n).$$

Aus Gl. (17) folgt dann

$$\frac{dz}{dw} = B\left[(1-w)\left(1-w\,e^{-i\,2\,\frac{\pi}{n}}\right)\left(1-w\,e^{-i\,4\,\frac{\pi}{n}}\right)\cdots\left(1-w\,e^{-i\,2\,\frac{\pi}{n}\,(n-1)}\right)\right]^{-\frac{2}{n}}$$

Beachtet man, daß

$$(w-1)\left(w - e^{-i\,2\,\frac{\pi}{n}}\right)\left(w - e^{-i\,4\,\frac{\pi}{n}}\right)\cdots\left(w - e^{-i\,2\,\frac{\pi}{n}\,(n-1)}\right) = w^n - 1,$$

da $e^{\,i\,2\,\frac{\pi}{n}\,r}$ die r-te Wurzel $(r = 0, 1, 2, \ldots n-1)$ der Glei hung $w^n - 1 = 0$ ist, folgt

$$\frac{dz}{dw} = B\,(1-w^n)^{-\frac{2}{n}}. \tag{18}$$

Eine dieser Beziehung genügende Funktion $w(z)$ vermittelt eine konforme Abbildung des regelmäßigen Polygons der z-Ebene auf den Einheitskreis der w-Ebene. Durch Integration folgt aus (18)

$$z = B\int\limits_0^w \frac{du}{(1-u^n)^{2/n}} + C.$$

Für die Integrationskonstante C ergibt sich, da dem Punkte $z = 0$ der Punkt $w = 0$ entsprechen soll, $C = 0$. Weiterhin soll der Eckpunkt $z_1 = d$ der z-Ebene dem Punkt $w = 1$ entsprechen. Diese Bedingung liefert

$$d = B\int\limits_0^1 \frac{du}{(1-u^n)^{2/n}} = B\,\frac{\sin\left(\frac{\pi}{n}\right)}{n}\left[\Gamma\left(\frac{1}{n}\right)\right]^2 \Gamma\left(1-\frac{2}{n}\right)$$

und somit, wenn man noch die halbe Diagonale d durch die Seitenlänge $2a$ mittels der Beziehung $d = \dfrac{a}{\sin\left(\dfrac{\pi}{n}\right)}$ ausdrückt

$$B = \frac{n\pi a}{\sin^2\left(\dfrac{\pi}{n}\right)\left[\Gamma\left(\dfrac{1}{n}\right)\right]^2 \Gamma\left(1 - \dfrac{2}{n}\right)} \,. \tag{19}$$

Damit ist also die Abbildungsfunktion

$$z = B\int\limits_0^w \frac{du}{(1 - u^n)^{2/n}} \tag{20}$$

vollständig bestimmt. Für einen Punkt w des Einheitskreises der w-Ebene

$$w = e^{i\beta}$$

ist der entsprechende Punkt z auf dem Umfang des Polygons nach Gl. (20)

$$z = B\int\limits_0^1 \frac{du}{(1 - u^n)^{2/n}} + i B \frac{2}{n} (-2i)^{-\frac{2}{n}} \int\limits_0^{\frac{n}{2}\beta} (\sin\varphi)^{-\frac{2}{n}} \, d\varphi.$$

Für $\beta = \beta_r = 2\dfrac{\pi}{n}(r - 1)$ $(r = 1, 2, \ldots n)$ erhält man die r-te Ecke des Polygons

$$z_r = d e^{i2\frac{\pi}{n}(r-1)}.$$

a) Quadrat.

Ist das regelmäßige Polygon ein Quadrat $(n = 4)$, so folgt aus Gl. (20)

$$z = B\int\limits_0^w \frac{du}{\sqrt{1 - u^4}} = B\int\limits_0^w \frac{du}{\sqrt{(1 - u^2)(1 + u^2)}}\,,$$

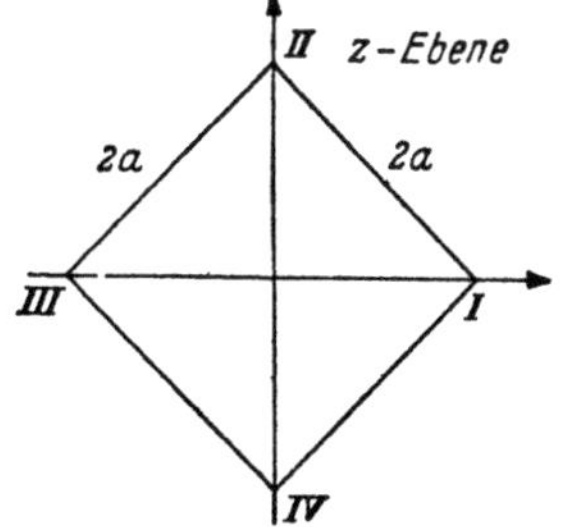

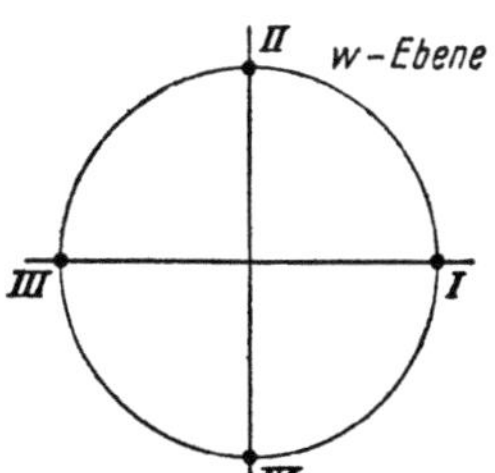

Abb. 16. Abb. 17.
Zur konformen Abibldung eines Quadrates auf den Einheitskreis.

Dieses Integral hat aber (s. Tabelle (B) auf S. 6) den Wert

$$\int\limits_0^w \frac{du}{\sqrt{(1 - u^2)(1 + u^2)}} = \frac{1}{\sqrt{2}} F\left(\frac{1}{\sqrt{2}}, \ \arcsin\frac{w\sqrt{2}}{\sqrt{1 + w^2}}\right).$$

Es folgt also, wenn man noch die Umkehrfunktion bildet

$$\frac{w\sqrt{2}}{\sqrt{1+w^2}} = \operatorname{sn}\left(\frac{z\sqrt{2}}{B}, \frac{1}{\sqrt{2}}\right)$$

oder

$$2w^2 = \frac{\operatorname{sn}^2\left(\dfrac{z\sqrt{2}}{B}, \dfrac{1}{\sqrt{2}}\right)}{1 - \dfrac{1}{2}\operatorname{sn}^2\left(\dfrac{z\sqrt{2}}{B}, \dfrac{1}{\sqrt{2}}\right)}.$$

Da aber für $k = \dfrac{1}{\sqrt{2}}$, $1 - \dfrac{1}{2}\operatorname{sn}^2 u = \operatorname{dn}^2 u$, so folgt für die gesuchte Abbildungsfunktion

$$w = \frac{1}{\sqrt{2}}\frac{\operatorname{sn}\left(\dfrac{z\sqrt{2}}{B}, \dfrac{1}{\sqrt{2}}\right)}{\operatorname{dn}\left(\dfrac{z\sqrt{2}}{B}, \dfrac{1}{\sqrt{2}}\right)}.$$

Aus Gl. (19) folgt noch, wenn $2a$ die Seitenlänge des Quadrats bedeutet:

$$B = \frac{4\pi a}{\left[\Gamma\left(\dfrac{1}{4}\right)\right]^2 \Gamma\left(\dfrac{1}{2}\right)}.$$

Nun ist aber das dem Modul $k = \dfrac{1}{\sqrt{2}}$ entsprechende vollständige elliptische Integral erster Gattung (s. Gl. I, 8a)]

$$K\left(\frac{1}{\sqrt{2}}\right) = \frac{1}{4\sqrt{\pi}}\left[\Gamma\left(\frac{1}{4}\right)\right]^2.$$

Es folgt somit $B = \dfrac{2a}{K}$ und damit

$$w = \frac{1}{\sqrt{2}}\frac{\operatorname{sn}\left(\dfrac{K}{\sqrt{2}}\dfrac{z}{a}, \dfrac{1}{\sqrt{2}}\right)}{\operatorname{dn}\left(\dfrac{K}{\sqrt{2}}\dfrac{z}{a}, \dfrac{1}{\sqrt{2}}\right)}. \tag{21}$$

Selbstverständlich kann diese Beziehung auch aus der Gl. (2) bzw. (3) für $a = b$ durch Drehung des Koordinatensystems um den Winkel $\pi/4$ erhalten werden.

b) Gleichseitiges Dreieck.

Für $n = 3$ folgt aus Gl. (20)

$$z = B\int\limits_0^w \frac{du}{\sqrt[3]{(1-u^3)^2}}.$$

Hieraus folgt, wenn noch die Umkehrfunktion gebildet wird[1]),

$$w = \frac{2^{5/6} \cos\left(\frac{\pi}{12}\right) (1 - \operatorname{cn}\zeta) \left[1 + \tan\left(\frac{\pi}{12}\right) \operatorname{cn}\zeta\right]}{2 \cdot 3^{1/4} \operatorname{sn}\zeta \, dn \, \zeta + (1 - \operatorname{cn}\zeta)^2} \cdot \tag{22}$$

mit

$$\zeta = \frac{z}{B \, 2^{1/3} \cdot 3^{1/4}} \cdot$$

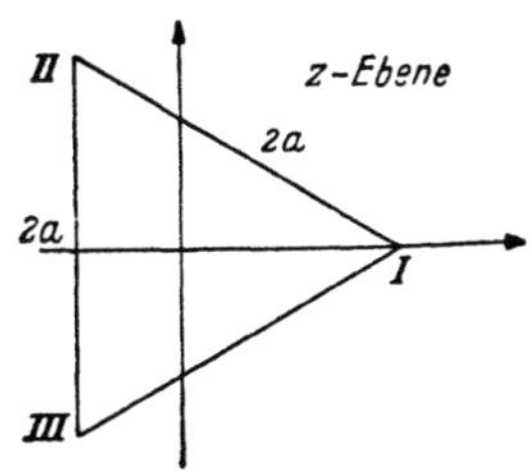

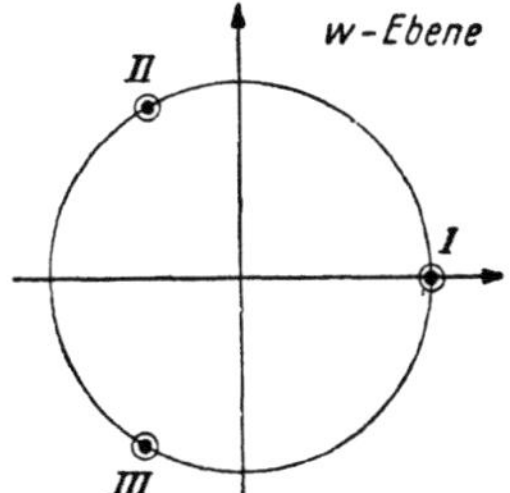

Abb. 18.   Abb. 19.
Zur konformen Abbildung eines gleichseitigen Dreiecks auf den Einheitskreis.

Der Modul k der elliptischen Funktionen ist $k = \sin(\pi/12)$ und nach
Gl. (19) ist, wenn $2a$ die Seitenlänge des regelmäßigen Dreiecks bedeutet:

$$B = \frac{4\pi a}{\left[\Gamma\left(\frac{1}{3}\right)\right]^3} \cdot$$

Damit ist die Funktion (22), die eine Abbildung des gleichseitigen
Dreiecks der z-Ebene auf den Einheitskreis der w-Ebene vermittelt,
bestimmt. Mit der Abbildungsfunktion Gl. (21) bzw. (22) ist gemäß
Gl. (4) auch die GREENsche Funktion für die entsprechenden Bereiche
bestimmt. Im Hinblick auf einen später vorkommenden Fall sei noch
vermerkt: Nach Gl. (4) und (21) ist die GREENsche Funktion des hier
betrachteten quadratischen Bereichs unter der Voraussetzung, daß der
Quellpunkt in den Nullpunkt fällt

$$G(z, 0) = - \operatorname{Re} \ln w, \tag{23}$$

wo w durch Gl. (21) gegeben ist.

Abbildung des Äußeren eines Polygones.

Genügt die Funktion $z(\lambda)$ der Beziehung

$$\frac{dz}{d\lambda} = \frac{A \, (\lambda - \lambda_1)^{\frac{\alpha_1}{\pi}} (\lambda - \lambda_2)^{\frac{\alpha_2}{\pi}} \cdots (\lambda - \lambda_n)^{\frac{\alpha_n}{\pi}}}{[(\lambda - p)^2 + q^2]^2}, \tag{24}$$

so wird durch $z(\lambda)$ eine Abbildung vermittelt, die das Äußere eines
Polygons von n-Ecken der z-Ebene in die obere λ-Halbebene und den

---

[1]) RICHELOT, J. Math. 9, 407 (1832). — WHITTAKER-WATSON, A Course of
Modern Analysis 1927, S. 533.

Umfang des Polygons in die reelle Achse der λ-Ebene überführt. Hierbei sind wieder $\alpha_1 \ldots \alpha_n$ die n Außenwinkel des Polygons und $\lambda_1 \ldots \lambda_n$ die den Ecken $z_1 \ldots z_n$ des Polygons entsprechenden Punkte der reellen λ-Achse. Die in Gl. (24) auftretenden Größen p und q sind der Real- und Imaginärteil des dem Punkte $z = \infty$ entsprechenden Punktes der λ-Ebene ($\overset{*}{\lambda} = p + i q$ entspricht $z = \infty$). Sie bestimmen sich bei festen $\lambda_1 \ldots \lambda_n$ aus folgenden Nebenbedingungen.

$$\sum_{r=1}^{n} \frac{\alpha_r (p - \lambda_r)}{(p - \lambda_r)^2 + q^2} = 0 \qquad \sum_{r=1}^{n} \frac{\alpha_r}{(p - \lambda_r)^2 + q^2} = \frac{\pi}{q^2}. \tag{25}$$

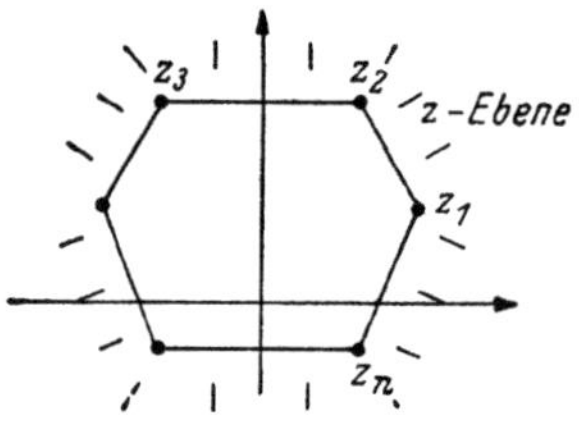

Abb. 20.
Abb. 21. 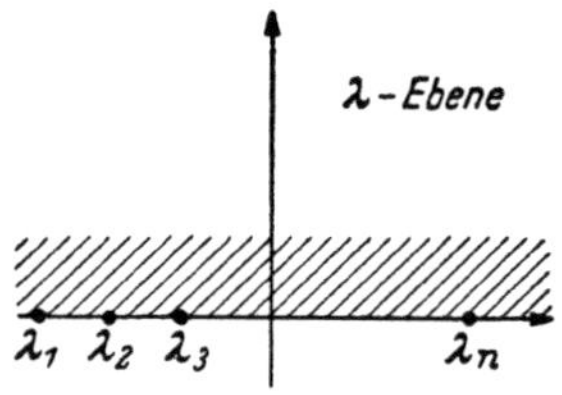
Zur Abbildung des Außengebietes eines Polygons auf eine Halbebene.

Wird nun die obere λ-Halbebene auf das Äußere des Einheitskreises der w-Ebene abgebildet mittels

$$w = \frac{1 - i\lambda}{1 + i\lambda} \qquad \text{oder} \qquad \lambda = i \cdot \frac{w - 1}{w + 1},$$

so ist

$$\lambda - \lambda_r = 2 i w \frac{1 - \dfrac{w}{w_r}}{(1 + w)(1 + w_r)}, \qquad d\lambda = 2 i \frac{dw}{(1 + w)^2},$$

und somit liefert, wenn eine neue Konstante C eingeführt wird,

$$\frac{dz}{dw} = C \frac{w^2 \left(1 - \dfrac{w_1}{w}\right)^{\frac{\alpha_1}{\pi}} \cdots \left(1 - \dfrac{w_n}{w}\right)^{\frac{\alpha_n}{\pi}}}{\{[i(w - 1) - p(w + 1)]^2 + q^2 (w + 1)^2\}^2} \tag{26}$$

eine Abbildung des Äußeren des Polygons der z-Ebene auf das Äußere des Einheitskreises der w-Ebene Es sind hierbei $w_1 \ldots w_n$ die den Eckpunkten $z_1 \ldots z_n$ des Polygons entsprechenden Punkte des Einheitskreises. Der dem Punkt $z = \infty$ entsprechende Punkt der w-Ebene sei $\overset{*}{w} = \xi + i\eta$. Es ist dann in den Nebenbedingungen Gl. (25)

$$p = \frac{-2\eta}{(\xi + 1)^2 + \eta^2}, \qquad q = \frac{\xi^2 + \eta^2 - 1}{(\xi + 1)^2 + \eta^2}$$

und

$$\lambda_r = i \cdot \frac{w_r - 1}{w_r + 1}$$

zu setzen.

Ein besonders wichtiger Fall ist der, wenn dem Punkt $z = \infty$ der z-Ebene der Punkt $w = \infty$ der w-Ebene entspricht. D. h. für $z = \infty$ ist $\xi = \eta = \infty$. Diese Bedingung liefert $p = 0$, $q = 1$. Man erhält dann aus Gl. (26), wenn an Stelle von $C/16$ eine neue Konstante B gesetzt wird

$$\frac{dz}{dw} = B \left(1 - \frac{w_1}{w}\right)^{\frac{\alpha_1}{\pi}} \cdots \left(1 - \frac{w_n}{w}\right)^{\frac{\alpha_n}{\pi}}. \tag{27}$$

Die Nebenbedingungen (25) lassen sich dann unter Berücksichtigung von $\sum_{r=1}^{n} \alpha_r = 2\pi$ folgendermaßen schreiben.

$$\sum_{r=1}^{n} \alpha_r\, w_r = 0. \tag{28}$$

Regelmäßige Polygone, Außengebiet.

Für ein regelmäßiges Polygon ist $\alpha_r = \dfrac{2\pi}{n}$. Aus Symmetriegründen kann wieder geschlossen werden, daß $\arg w_r = \arg z_r = \dfrac{2\pi}{n}(r - 1)$, $r = 1, 2, \ldots n$ ist, wenn wieder angenommen wird, daß der Eckpunkt z_1 des Polygons auf die reelle z-Achse zu liegen kommt. Es ist somit

$$w_r = e^{i2\frac{\pi}{n}(r-1)}.$$

Dies ist auch mit der Nebenbedingung (28) verträglich. Aus Gl. (27) folgt dann

$$\frac{dz}{dw} = B \left[\left(1 - \frac{1}{w}\right)\left(1 - \frac{e^{i2\frac{\pi}{n}}}{w}\right) \cdots \left(1 - \frac{e^{i2\frac{\pi}{n}(n-1)}}{w}\right)\right]^{\frac{2}{n}}$$

oder, da

$$(w - 1)\left(w - e^{i2\frac{\pi}{n}}\right) \cdots \left(w - e^{i2\frac{\pi}{n}(n-1)}\right) = w^n - 1$$

ist, folgt

$$\frac{dz}{dw} = \frac{B}{w^2}\left[w^n - 1\right]^{\frac{2}{n}}. \tag{29}$$

Bezeichnet d wieder die halbe Diagonale des regelmäßigen n-Ecks und nimmt man an, daß der Mittelpunkt des n-Ecks mit dem Nullpunkt der z-Ebene zusammenfällt, so folgt aus Gl. (29), da dem Punkte $z = d$ der Punkt $w = 1$ entsprechen soll:

$$z = B \int_{1}^{w} \frac{(u^n - 1)^{\frac{2}{n}}}{u^2}\, du + d. \tag{30}$$

Die durch (30) erläuterte Funktion $z(w)$ bildet mithin das Äußere eines regelmäßigen n-Ecks der z-Ebene auf das Äußere des Einheitskreises der w-Ebene ab, wobei $w = \infty$ dem Punkte $z = \infty$ entspricht. Der einem Punkt $w = e^{i\beta}$ des Kreisumfanges entsprechende Punkt des Polygons ist nach Gl. (30):

$$z = i\,B\,(2i)^{\frac{2}{n}}\frac{2}{n}\int\limits_{0}^{n\frac{\beta}{2}}(\sin\varphi)^{\frac{2}{n}}\,d\varphi + d. \tag{31}$$

Die Konstante B bestimmt sich aus der Bedingung, daß für $\beta = \dfrac{2\pi}{n}$

$z = z_2 = d e^{i2\frac{\pi}{n}}$ sein muß. Dies liefert

$$d\sin\frac{\pi}{n} = a = B\,2^{\frac{2}{n}}\frac{2}{n}\int\limits_{0}^{\frac{\pi}{2}}(\sin\varphi)^{\frac{2}{n}}\,d\varphi,$$

wenn $2a$ die Seitenlänge des Polygons ist.
Da

$$\int\limits_{0}^{\frac{\pi}{2}}(\sin\varphi)^{\frac{2}{n}}\,d\varphi = \frac{\pi}{2\cdot 2^{2/n}}\frac{\Gamma\left(1+\dfrac{2}{n}\right)}{\left[\Gamma\left(1+\dfrac{1}{n}\right)\right]^2}$$

ist, so folgt

$$B = \frac{n\,a\left[\Gamma\left(1+\dfrac{1}{n}\right)\right]^2}{\pi\,\Gamma\left(1+\dfrac{2}{n}\right)}. \tag{32}$$

Damit ist die Zuordnung (31) des Punktes z des Polygons zum Punkt $w = e^{i\beta}$ des Einheitskreises völlig bestimmt.

Für $\beta = \beta_r = 2\pi/n\,(r-1)$, $r = 1, 2, 3, \ldots n$ erhält man aus (31) die r-te Ecke des Polygons.

Drittes Kapitel

Anwendung der elliptischen Funktionen auf Probleme der Elektrostatik.

Einleitung: Die Bestimmung zweidimensionaler elektrostatischer Felder mittels konjungierter Funktionen.

Vorausgesetzt wird im folgenden eine Verteilung des elektrostatischen Feldes, die von einer der drei rechtwinkligen Koordinaten x, y, z, beispielsweise von z unabhängig ist. Das heißt alle vorhandenen Leiter sind unendlich lange Zylinder beliebigen Querschnitts, deren Mantellinien parallel der z-Achse gerichtet sind. Es genügt daher den Feldverlauf in der xy-Ebene zu untersuchen. Unter dieser Voraussetzung lautet die Differentialgleichung für das elektrostatische Potential $\varphi = \varphi(x, y)$

$$\Delta\varphi = \frac{\partial^2\varphi}{\partial x^2} + \frac{\partial^2\varphi}{\partial y^2} = 0.$$

Die Gleichungen der Niveaulinien in der xy-Ebene sind gegeben durch $\varphi(x, y) = $ konstant, während sich die Gleichungen der die Niveaulinien senkrecht schneidenden Kraftlinien durch Lösung der Differentialgleichung

$$\frac{dy}{dx} = \frac{\dfrac{\partial\varphi}{\partial y}}{\dfrac{\partial\varphi}{\partial x}}$$

ergeben.

Bedeutet $w = u + iv = f(x + iy)$ eine beliebige analytische Funktion der komplexen Variablen $x + iy$ und wird der Realteil dieser Funktion mit $f_1(x, y)$, der Imaginärteil mit $f_2(x, y)$ bezeichnet, so gelten die CAUCHY-RIEMANNschen Differentialgleichungen. Ist also

$$w = u + iv = f(x + iy) = f_1(x, y) + i f_2(x, y) \tag{1}$$

$$u = f_1(x, y); \quad v = f_2(x, y),$$

so gilt

$$\frac{\partial u}{\partial x} = \frac{\partial v}{\partial y} \qquad \frac{\partial v}{\partial x} = -\frac{\partial u}{\partial y}, \tag{2}$$

woraus folgt

$$\frac{\partial u}{\partial x} \cdot \frac{\partial v}{\partial x} + \frac{\partial u}{\partial y} \cdot \frac{\partial v}{\partial y} = 0 \tag{3}$$

$$\frac{\partial^2 u}{\partial x^2} + \frac{\partial^2 u}{\partial y^2} = \Delta u = 0; \qquad \frac{\partial^2 v}{\partial x^2} + \frac{\partial^2 v}{\partial y^2} = \Delta v = 0. \tag{4}$$

Es folgt also aus Gl. (4): Sowohl der Realteil $u = f_1(x, y)$, als auch der Imaginärteil $v = f_2(x, y)$ ist eine Lösung der zweidimensionalen Potentialgleichung. Man nennt u und v *konjugierte* Potentialfunktionen. Gl. (3) sagt aus, daß die Kurvenscharen $u = $ konstant und $v = $ konstant aufeinander senkrecht stehen. Wählt man z. B. $v = f_2(x, y)$ als Potentialfunktion, so ist $u = f_1(x, y)$ die sogenannte Kraftlinienfunktion und umgekehrt. Die Kurvenscharen $u = $ konstant stellen die Kraftlinien, die Kurvenscharen $v = $ konstant die zu den

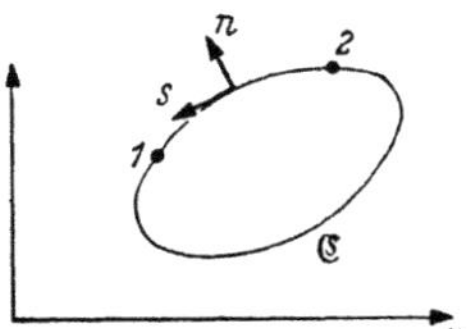

Abb. 22. Querschnitt der Oberfläche eines elektrischen Leiters.

Kraftlinien senkrechten Niveaulinien dar und umgekehrt. Die Potentialfunktion $v = f_2(x, y)$ besitzt auf der Oberfläche eines Leiters einen konstanten Wert, d. h. diese eine ist Niveaufläche. Die Ladungsverteilung auf der Leiteroberfläche berechnet sich folgendermaßen: Es sei $\mathfrak{C}$ die Querschnittskurve des Leiters, n die nach außen gerichtete Normale ds ein Längenelement von $\mathfrak{C}$ in der positiven Umlaufsrichtung. Wird die längs $\mathfrak{C}$ im allgemeien variable Flächendichte der elektrischen Ladung auf dem Leiter mit η bezeichnet, so ist nach den Gesetzen der Elektro-

4*

statik die Normalkomponente der elektrischen Feldstärke in einem Punkt der Leiteroberfläche

$$E_n = 4\pi\,\eta.$$

Andererseits berechnet sich mittels der Potentialfunktion v die Feldstärkekomponente E_n zu:

$$E_n = -\frac{\partial v}{\partial n}. \tag{5}$$

Und, da gemäß Gl. (2) $\dfrac{\partial v}{\partial n} = -\dfrac{\partial u}{\partial s}$ ist, so ist

$$E_n = \frac{\partial u}{\partial s} = 4\pi\,\eta$$

und somit

$$\eta = \frac{1}{4\pi}\frac{\partial u}{\partial s}.$$

Die Flächendichte der elektrischen Ladung auf dem Leiter ist also durch die Ableitung der Kraftlinienfunktion $u = f_1\,(x,\,y)$ in Richtung der Tangente der Umrißlinie gegeben. Die gesamte Ladung q zwischen zwei Punkten 1 und 2 pro Längeneinheit der z-Achse ist daher:

$$q = \frac{1}{4\pi}\int\limits_{2}^{1}\frac{\partial u}{\partial s}\,ds = \frac{1}{4\pi}\,(u_2 - u_1), \tag{6}$$

wobei u_1 bzw. u_2 der Wert der Kraftlinienfunktion $u = f_1\,(x,\,y)$ im Punkte 1 bzw. 2 ist. Bildet man zu Gl. (1) die Umkehrfunktion

$$x + i\,y = h\,(u + i\,v) = h_1\,(u,\,v) + i\,h_2\,(u,\,v) \tag{7}$$
$$x = h_1\,(u,\,v);\quad y = h_2\,(u,\,v),$$

so sind die Niveaulinien $v =$ konstant in Form einer Parameterdarstellung

$$x = h_1\,(u,\,\text{konstant})$$
$$y = h_2\,(u,\,\text{konstant})$$

mit dem Parameter u gegeben.

Entsprechendes gilt für die Kraftlinien $u =$ konstant, nämlich

$$x = h_1\,(\text{konstant},\,v)$$
$$y = h_2\,(\text{konstant},\,v)$$

Die vorstehenden Ausführungen gelten für den Fall, daß $v = f_2\,(x,\,y)$ die Potentialfunktion ist. Ebenso kann natürlich $u = f_1\,(x,\,y)$ als Potentialfunktion aufgefaßt werden. Es gelten dann die gleichen Überlegungen. Die Gl. (6) nimmt in diesem Falle die Form an

$$q = -\frac{1}{4\pi}\,(v_2 - v_1). \tag{6a}$$

§ 1. Ebene und bandförmige Leiteranordnungen.

Die Ausführungen in der Einleitung zu diesem Kapitel über die Bestimmung zweidimensionaler elektrostatischer Felder mittels konjugierter Funktionen werden im folgenden auf elliptische Funktionen spezialisiert.

Erstes Beispiel.

$$x + i\,y = h\,(u + i\,v) = a\,\mathrm{sn}\,(u + i\,v, k).$$

Es ist dann nach (Gl. II, 1):

$$x = a\,\frac{\mathrm{sn}\,(u, k)\,\mathrm{dn}\,(v, k')}{\mathrm{cn}^2\,(v, k') + k^2\,\mathrm{sn}^2\,(u, k)\,\mathrm{sn}^2\,(v, k)} \tag{8}$$

$$y = a\,\frac{\mathrm{sn}\,(v, k')\,\mathrm{cn}\,(v, k')\,\mathrm{cn}\,(u, k)\,\mathrm{dn}\,(u, k)}{\mathrm{cn}^2\,(v, k') + k^2\,\mathrm{sn}^2\,(u, k)\,\mathrm{sn}^2\,(v, k')}.$$

Wählt man u als Potentialfunktion, so ergibt sich für die Niveaulinie $u = $ konstant $= \pm K$ gemäß Gl. (8) und Tabelle (I) aus Kapitel I:

$$x = \pm\,a\,\frac{\mathrm{dn}\,(v, k')}{\mathrm{cn}^2\,(v, k') + k^2\,\mathrm{sn}^2\,(v, k')} = \pm\,\frac{a}{\mathrm{dn}(v, k')}$$

$$y = 0.$$

Die Niveaulinie $u = K$ ist also eine auf der x-Achse zwischen den Punkten $x_1 = a$ und $x_2 = a/k$ liegende Strecke, da $\mathrm{dn}\,(v, k')$ für reelle Werte von v stets zwischen 1 und k liegt. Die Niveaulinie $u = -K$ liegt spiegelbildlich in bezug auf die y-Achse zu der Niveaulinie $u = K$. Die obenstehende Abbildungsfunktion löst also das Problem der Bestimmung des elektrostatischen Feldes zweier in der gleichen Ebene liegender paralleler leitender Streifen, die auf entgegengesetzt gleiches Potential aufgeladen sind. Die Gln. (8)

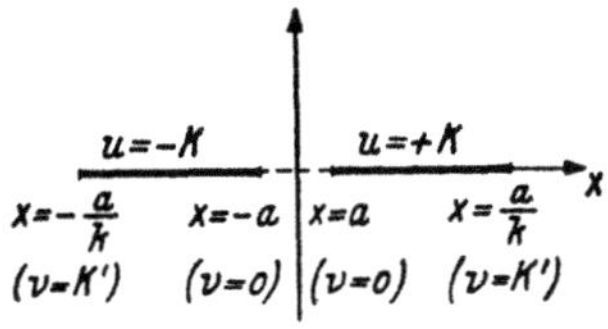

Abb. 23. Zur Berechnung der Kapazität einer Zweibandleitung.

geben für konstante Werte u bzw. v das System der Niveau- bzw. Kraftlinien in Parameterform (Parameter v bzw. u) in der $x\,y$-Ebene an. Die auf jedem Streifen befindliche elektrische Ladung pro Einheit der Längserstreckung ergibt sich aus Gl. (6a), wenn beachtet wird, daß hier u die Potentialfunktion ist.

$$q = \frac{1}{4\pi}\,(v_1 - v_2) = \pm\,\frac{2}{4\pi}\,\left(v_{x=\frac{a}{k}} - v_{x=a}\right) = \pm\,\frac{1}{2\pi}\,K'$$

$\left(\dfrac{K'}{2\pi}\text{ auf dem rechten, } -\dfrac{K'}{2\pi}\text{ auf dem linken Streifen}\right)$.

Also ist die Kapazität C pro Längeneinheit:

$$C = \frac{\text{Ladung}}{\text{Potentialdifferenz}} = \frac{K'}{2\pi\,2K} = \frac{K'}{4\pi\,K}.$$

Führt man an Stelle der Kapazität C pro Längeneinheit den in der Technik wichtigen Begriff des Wellenwiderstandes Z ein, gegeben durch

$$Z = \frac{30}{C}$$

so ergibt sich hierfür

$$Z = 120\,\pi\,\frac{K}{K'}.$$

Hierbei ist Z in Ohm gemessen, wenn Kapazitäten und Längen in Zentimetern gemessen werden. Der Modul k bzw. $k' = \sqrt{1-k^2}$ berechnet sich folgendermaßen: Ist die Breite eines Streifens

gleich b, der Abstand der beiden benachbarten Kanten gleich d, so ist:

$$b = \frac{a}{k}\,(1-k); \quad d = 2a$$

und somit

$$k = \frac{\dfrac{d}{b}}{2 + \dfrac{d}{b}}.$$

Bei vorgegebenen Leiterabmessungen ist der Modul k bekannt und damit der Wellenwiderstand berechenbar.

Grenzfälle im ersten Beispiel.

1. $\dfrac{b}{d} \gg 1$, dafür strebt $k \to 0$, $k' \to 1$ und daher $K \to \pi/2$; $K' \to \ln(4/k)$. Es ist also hierfür

$$Z \sim \frac{60\pi^2}{\ln 4\left(1 + \dfrac{2b}{d}\right)}.$$

2. $\dfrac{b}{d} \ll 1$. Hierfür ist $k \sim 1$, $k'^2 \sim \dfrac{2}{1 + \dfrac{d}{b}}.$

Es gilt also hierfür:

$$Z \sim 120 \ln 4\left(2 + \frac{d}{b}\right).$$

Sieht man die Größe v als Potentialfunktion an, so ergibt sich für die Niveaulinie $v = 0$ nach Gl. (8)

$$x = a\,\mathrm{sn}\,(u, k) \qquad\qquad |x| \leqq a$$
$$y = 0 \qquad\qquad\qquad\quad y = 0.$$

Für die Niveaulinie $v = K'$ gilt

$$x = \frac{a}{k\,\mathrm{sn}\,(u, k)} \qquad\qquad \frac{a}{k} < |x| < \infty$$
$$y = 0.$$

Zweites Beispiel.

Die Abbildungsfunktion $x + iy = a\,\mathrm{sn}\,(u + iv, k)$ löst mit v als Potentialfunktion die Aufgabe der Bestimmung des elektrischen Feldes zweier leitender in der xy-Ebene liegender Halbebenen mit einem zwischen diesen gleichfalls in der xy-Ebene liegenden leitenden Streifen, mit der Potentialdifferenz $v = K'$ zwischen Halbebenen und Streifen (Abb. 24). Das System der Niveau- bzw. Kraftlinien ergibt sich wieder aus Gl. (8) mit v bzw. u gleich konstant. Für die elektrische Ladung auf dem Streifen ergibt sich:

$$q = \frac{1}{2\pi}\left(u_{x=-a} - u_{x=+a}\right) = -\frac{K}{\pi}.$$

Entsprechend die Ladung auf den sich auf gleichem Potential befindlichen Halbebenen:

$$q = \frac{1}{2\pi}\left(u_{x=-\infty} - u_{x=-\frac{a}{k}}\right) = \frac{K}{\pi}.$$

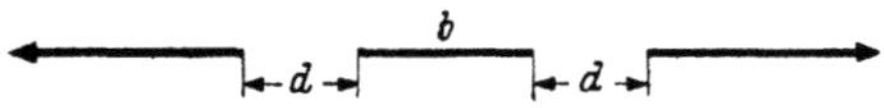

Abb. 25. Bestimmungsstücke einer Bandleitung.

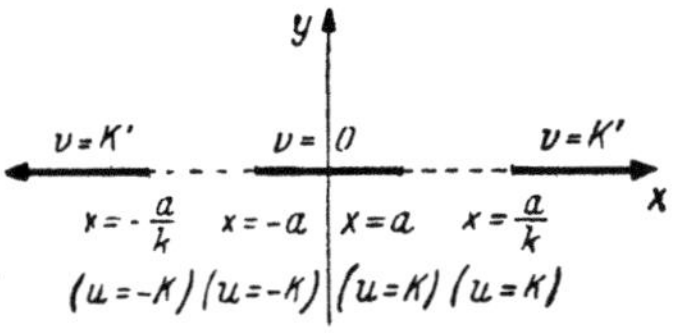

Abb. 24. Zur Berechnung der Kapazität eines Streifens zwischen zwei Halbebenen.

Mithin ist die Kapazität dieses Leitergebildes pro Längeneinheit

$$C = \frac{K}{\pi K'}.$$

Ist b die Breite des Streifens, d der Abstand der Kante des Streifens von der Kante der Halbebene, so ist:

$$b = 2a; \qquad d = \frac{a}{k}(1 - k)$$

und daher

$$k = \frac{1}{1 + 2\dfrac{d}{b}}.$$

Damit ist also bei vorgegebener Leiterabmessung der Modul k und damit auch die Kapazität C bekannt.

Grenzfälle im zweiten Beispiel.

1. $\dfrac{b}{d} \gg 1$. Dafür ist $k \sim 1$ und $k'^2 \sim \dfrac{4}{2 + \dfrac{b}{d}}$,

daher

$$C \sim \frac{1}{\pi^2}\ln 4\left(2 + \frac{b}{d}\right).$$

2. $\dfrac{b}{d} \ll 1$ $\quad k \sim 0 \quad k' \sim 1$

$$C \sim \frac{1}{2\ln 4\left(1 + 2\dfrac{b}{d}\right)}.$$

Drittes Beispiel.

Es sei nun:

$$x + i\,y = a\,\mathrm{cn}\,(u + i\,v,\,k).$$

Mittels des Additionstheorems Gl. (I, 31) und der imaginären Transformation von JACOBI Gl. (I, 33) ergibt sich:

$$x = a\,\frac{\mathrm{cn}\,(u,\,k)\,\mathrm{cn}\,(v,\,k')}{\mathrm{cn}^2\,(v,\,k') + k^2\,\mathrm{sn}^2\,(u,\,k)\,\mathrm{sn}^2\,(v,\,k')}$$

$$y = -\,a\,\frac{\mathrm{sn}\,(u,\,k)\,\mathrm{dn}\,(u,\,k)\,\mathrm{sn}\,(v,\,k')\,\mathrm{dn}\,(v,\,k')}{\mathrm{cn}^2\,(v,\,k') + k^2\,\mathrm{sn}^2\,(u,\,k)\,\mathrm{sn}^2\,(v,\,k')}\,, \tag{9}$$

Ist v die Potentialfunktion, so ist nach Gl. (9) für $v = 0$

$$y = 0 \text{ und } x = a\,\mathrm{cn}\,(u,\,k), \qquad \text{also} \qquad \begin{aligned}|x| &\leq a \\ y &= 0\end{aligned}$$

für $v = K'$ ist $x = 0$ und

$$y = -\,\frac{a}{k}\,\frac{\mathrm{dn}\,(u,\,k)}{\mathrm{sn}\,(u,\,k)}\,, \qquad \text{also} \qquad |y| \geq a\,\frac{k'}{k}\,.$$

Die hier auftretende Funktion gibt mit v als Potentialfunktion das elektrostatische Feld an, welches durch zwei in der yz-Ebene liegende

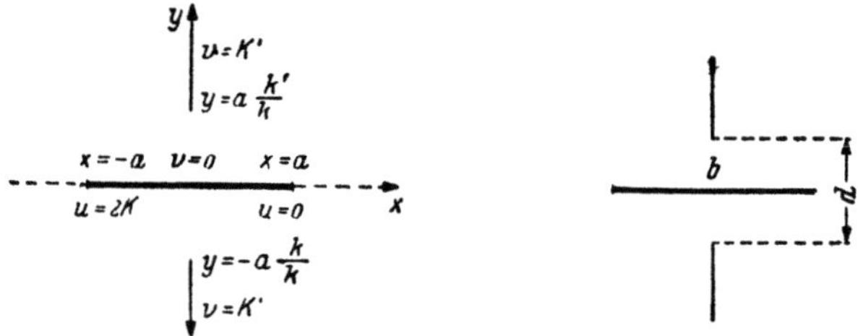

Abb. 26.   Abb. 27.

Zur Berechnung der Kapazität eines Bandes gegen zwei dazu senkrechte Halbebenen.

leitende Halbebenen mit einem zwischen diesen liegenden, zu ihnen senkrechten leitenden Streifen erzeugt wird (vgl. Abb. 26, 27), wenn zwischen den auf gleichem Potential befindlichen Halbebenen und dem Streifen die Potentialdifferenz K' besteht. Die Gln. (9) geben wieder für v bzw. u gleich konstant das System der Niveau- bzw. Kraftlinien an. Die auf den Leitern befindlichen Ladungen ergeben sich wieder nach Gl. (6) zu

$$q = \pm\,\frac{K}{\pi}\,.$$

Mithin ist die Kapazität der Leiteranordnung pro Längeneinheit

$$C = \frac{K}{\pi\,K'}\,,$$

falls Längen und Kapazitäten in denselben Einheiten gemessen werden. Bezeichnet b die Breite des Streifens, d den Abstand der Kanten der beiden Halbebenen, dann ist $b = 2a$; $d = 2a\,k'/k$ oder

$$k = \frac{1}{\sqrt{1 + \left(\frac{d}{b}\right)^2}},$$

womit die Kapazität berechenbar ist.

Grenzfälle im dritten Beispiel.

1. $\dfrac{b}{d} \gg 1.$ $\qquad$ Dafür wird $C \sim \dfrac{1}{\pi^2} \ln 16 \left(1 + \dfrac{b^2}{d^2}\right).$

2. $\dfrac{b}{d} \ll 1.$ $\qquad$ Hierfür ist $C \sim \dfrac{1}{\ln 16\left(1 + \dfrac{d^2}{b^2}\right)}.$

Viertes Beispiel: Parallelbandleitung.

Es sei

$$x + i\,y = \mathrm{zn}\,(u + i\,v,\,k).$$

(Über die Funktion $z\,n$ siehe I. Kapitel, § 5.

Mit Hilfe des Additionstheorems für die JACOBISche Zetafunktion sowie der imaginären Transformation findet man nach Trennung von Reellem und Imaginärem

$$x = \mathrm{zn}\,(u,\,k) + \frac{k^2\,\mathrm{sn}\,(u,\,k)\,\mathrm{cn}\,(u,\,k)\,\mathrm{dn}\,(u,\,k)\,\mathrm{sn}^2\,(v,\,k')}{\mathrm{cn}^2\,(v,\,k') + k^2\,\mathrm{sn}^2\,(u,\,k)\,\mathrm{sn}^2\,(v,\,k')}$$

$$y = -\,\mathrm{zn}\,(v,\,k') - \frac{v}{2\,K\,K'} + \frac{\mathrm{dn}^2\,(u,\,k)\,\mathrm{sn}\,(v,\,k')\,\mathrm{cn}\,(v,\,k')\,\mathrm{dn}\,(v,\,k')}{\mathrm{cn}^2\,(v,\,k') + k^2\,\mathrm{sn}^2\,(u,\,k)\,\mathrm{sn}^2\,(v,\,k')}. \tag{10}$$

Wird v als Potentialfunktion gewählt, so erhält man für die Niveaulinie $v = 0$ aus dem Gleichungssystem (10)

$$\begin{aligned} x &= \mathrm{zn}\,(u,\,k) \\ y &= 0. \end{aligned} \tag{11}$$

Gemäß der Definition der JACOBIschen Zetafunktion

$$x = \mathrm{zn}\,(u,\,k) = \int_0^u \mathrm{dn}^2\,(u,\,k)\,du - \frac{E\,(k)}{K\,(k)}\,u = E\,(k,\,a\,m\,(u,\,k)) - \frac{E\,(k)}{K\,(k)}\,u$$

besitzt diese an der Stelle $u = u_1$ einen Maximalwert $x_1 = z\,n\,(u_1,\,k)$, wobei u_1 gegeben ist durch

$$\mathrm{dn}^2\,(u_1,\,k) = \frac{E\,(k)}{K\,(k)}.$$

Mittels der Beziehung $\mathrm{sn}^2\,u = k^{-2}\,(1 - \mathrm{dn}^2\,u)$ folgt hieraus

$$\mathrm{sn}\,(u_1,\,k) = \frac{1}{k}\left(1 - \frac{E\,(k)}{K\,(k)}\right)^{\frac{1}{2}},$$

woraus sich durch Umkehrung

$$u_1 = F\,(k,\,\psi) \ \text{mit} \ \psi = \arcsin\left(\frac{1}{k}\,\sqrt{1 - \frac{E\,(k)}{K\,(k)}}\right)$$

ergibt. Dies ist die Stelle $u = u_1$, an der die Funktion $x = \mathrm{zn}\,(u, k)$ ein Maximum besitzt. Der Wert dieses Maximums ist dann

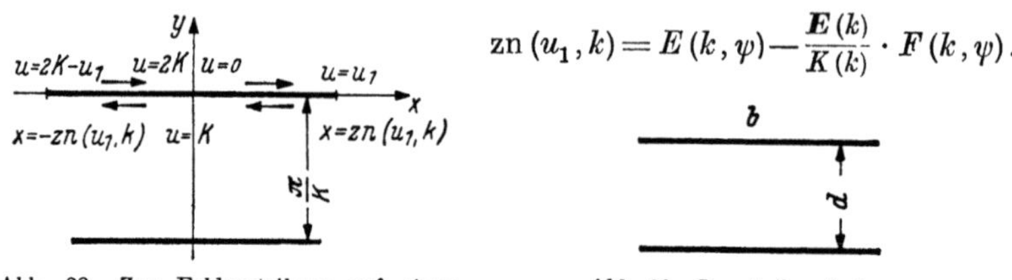

$$\mathrm{zn}\,(u_1, k) = E\,(k, \psi) - \frac{E\,(k)}{K\,(k)} \cdot F\,(k, \psi).$$

Abb. 28. Zur Feldverteilung auf einer Parallelbandleitung.

Abb. 29. Parallelbandleitung.

Der Verlauf der Niveaulinie $v = 0$, die gemäß Gl. (11) in Parameterform (Parameter u) gegeben ist, ergibt sich aus der nachstehenden Tabelle.

u	0	u_1	K	$2\,K - u_1$	$2\,K$
$\mathrm{zn}(u, k)$	0	$\mathrm{zn}(u_1, k)$	0	$-\,\mathrm{zn}\,(u_1, k)$	0

Unter Beachtung der Periodizität (Periode $2\,K$) der JACOBIschen Zetafunktion ergibt sich also: Die Niveaulinie $v = 0$ ist die auf der x-Achse liegende Strecke zwischen $x = -\,\mathrm{zn}\,(u_1, k)$ und $x = +\,\mathrm{zn}\,(u_1, k)$. Die Niveaulinie $v = 2\,K'$ liefert nach Gl. (11):

$$x = \mathrm{zn}\,(u, k)$$

$$y = -\,\frac{\pi}{K}\cdot$$

Die Niveaulinie $v = 2\,K'$ geht also durch Parallelverschiebung der Niveaulinie $v = 0$ um den Betrag π/K in Richtung der negativen y-Achse hervor. Die Gln. (10) stellen also das System der Niveau- und Kraftlinien dar für den Fall zweier paralleler leitender Streifen mit der gegenseitigen Potentialdifferenz $v = 2\,K'$. Die Ladung auf jedem Streifen pro Längeneinheit berechnet sich nach Gl. (6) zu:

$$q = \pm\,\frac{K}{2\pi}\cdot$$

Mithin ist die Kapazität pro Längeneinheit

$$C = \frac{K}{4\pi\,K'}\cdot \tag{12}$$

Der Modul k berechnet sich aus den geometrischen Dimensionen des Leitergebildes folgendermaßen: Die Breite eines jeden Streifens ist $b = 2\,\mathrm{zn}\,(u_1, k)$, der gegenseitige Abstand $d = \pi/K$. Also

$$\frac{d}{b} = \frac{\pi}{2\,K\,\mathrm{zn}\,(u_1, k)} = \frac{\pi}{2\,K \cdot E\,(k, \psi) - 2\,E \cdot F\,(k, \psi)} \tag{13}$$

mit $\qquad \psi = \mathrm{arc}\,\sin\left(\frac{1}{k}\,\sqrt{1 - \frac{E\,(k)}{K\,(k)}}\right).$

Aus dieser transzendenten Gleichung ist bei vorgegebenem d/b der Modul k und damit die Kapazität aus Gl. (12) berechenbar. Unter der Annahme eines homogenen Feldverlaufs zwischen den beiden Streifen, der nur im $\lim d/b = 0$ verwirklicht sein kann, würde gelten:

$$C_0 = \frac{b}{4\pi d},$$

also gemäß Gl. (12):

$$\frac{C}{C_0} = \frac{\pi}{2 K' \operatorname{zn}(u_1, k)} . \tag{14}$$

Diese Größe, der Kapazitätsfaktor, gibt das Verhältnis an von tatsächlich vorhandener Kapazität zu der unter Voraussetzung eines homogenen Feldverlaufs berechneten C_0.

Grenzfälle der Parallelbandleitung.

1. $\quad \dfrac{b}{d} \gg 1 \qquad\qquad C \sim \dfrac{1}{4\pi} \dfrac{b}{d} .$

2. $\quad \dfrac{b}{d} \ll 1 \qquad\qquad C \sim \dfrac{1}{4 \ln\left(4\,\dfrac{d}{b}\right)} .$

Im $\lim d/b = 0$ wird nach Vornahme des Grenzüberganges aus Gl. (13):

$$k = 1; \quad \operatorname{zn}(u_1, k) = 1; \quad K' = \frac{\pi}{2} \quad \text{und} \quad \frac{C}{C_0} = 1,$$

wie zu erwarten ist. Die Ladung auf der äußeren Seite eines jeden Streifens sei q_a, die auf der inneren Seite q_i. Es ist dann nach Gl. (6)

$$\frac{q_a}{q_i} = \frac{\dfrac{u_1}{K}}{1 - \dfrac{u_1}{K}} .$$

Im $\lim d = 0$ wird $k \sim 1$ und $\dfrac{q_a}{q_i} = 0$.

Im $\lim \dfrac{d}{b} \to \infty$ geht $k \to 0$ und $\dfrac{u_1}{K} \to \dfrac{1}{2}$. Also $q_a = q_i$.

Mit wachsendem Abstand d werden also die Ladungen q_a und q_i einander gleich. Der Wellenwiderstand der Leiteranordnung ist

$$Z = \frac{30}{C} = 120\,\pi\,\frac{K'}{K} ,$$

wenn Kapazität und Länge in Zentimetern, Z in Ohm gemessen wird.

Über den Verlauf von Z als Funktion von d/b siehe die graphischen Darstellungen am Schluß dieses Paragraphen.

In den vorhergehend durchgerechneten vier Beispielen wurde eine komplexe Funktion w (in den hier behandelten Fällen eine elliptische Funktion) willkürlich vorgegeben und nachträglich durch Untersuchung spezieller Niveaulinien die dieser Funktion entsprechende Leiterkonfiguration ermittelt. Wichtiger ist der umgekehrte Fall, in dem die einer gegebenen Leiteranordnung entsprechende komplexe Feldfunktion w angegeben werden soll. Dieser Fragenkomplex ist der Gegenstand der folgenden Ausführungen, wobei das Problem einer Doppelleitung, bestehend aus einem bandförmigen Innenleiter und einem den Innenleiter völlig umschließenden Außenleiter im Vordergrund stehen soll. Ehe aber die Berechnung spezieller Leitungsanordnungen aufgenommen wird, ist es notwendig, die in der Einleitung zu diesem Kapitel dargelegten Ausführungen zu erweitern. In nebenstehender Abbildung 30 ist der Querschnitt durch die Doppelleitung angegeben. Es bedeutet $\mathfrak{C}$ die Umrißlinie des Außenleiters und S die Spur des bandförmigen Innenleiters in der z-Ebene. Ist $u(x, y)$ die gesuchte Potentialfunktion und $v(x, y)$ die zu u konjugierte mit dieser durch die CAUCHY-RIEMANNschen Differentialgleichungen verknüpften Funktion, so ist die Ladung q pro Längeneinheit auf dem Innenleiter gemäß Gl. (6a), wenn P_1 und P_2 die Endpunkte von S bedeuten

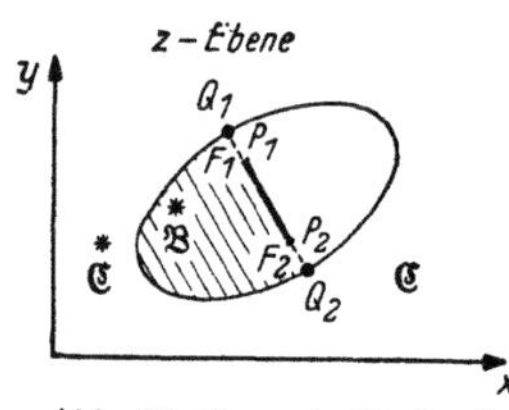

Abb. 30. Querschnitt durch Doppelleitung mit Innen- und Außenleiter.

$$q = \frac{2}{4\pi}\left[v(P_1) - v(P_2)\right].$$

Hierbei ist vorausgesetzt, daß die Leitungsanordnung so beschaffen ist, daß auf beiden Seiten des Bandes sich die gleiche Ladung befindet. Ist die Potentialdifferenz zwischen Innen- und Außenleiter gleich A, so ist die Kapazität pro Längeneinheit

$$C = \frac{q}{A} = \left|\frac{v(P_1) - v(P_2)}{2\pi A}\right|.$$

Der Wellenwiderstand der Doppelleitung wird dann (gemessen in Ohm, wenn Kapazität und Länge in Zentimetern gemessen wird)

$$Z = \frac{30}{C} = \left|\frac{60\pi A}{v(P_1) - v(P_2)}\right|,$$

wobei $v(P_1)$ bzw. $v(P_2)$ den Wert der zur Potentialfunktion u konjugierten Funktion v in den Endpunkten von S bedeutet. Es wird nun der häufig erfüllte Fall angenommen, daß die durch die Punkte P_1 und P_2 von S nach $\mathfrak{C}$ verlaufenden Feldlinien (d. h. die durch diese Punkte gehenden Kurven $v = $ konstant) bekannt sind. Diese sind mit F_1 und F_2 bezeichnet und schneiden die Querschnittskurve des Außenleiters in den Punkten Q_1 und Q_2. Diese Feldlinien zerlegen den von der Kurve $\mathfrak{C}$ berandeten (als einfach zusammenhängend vorausgesetzten) Bereich in zwei einfach zusammenhängende Teile, deren einer (schraffiert gezeichnet) mit $\mathfrak{B}^*$ bezeichnet ist. Der zu diesem Bereich gehörende Teil von $\mathfrak{C}$ sei mit $\mathfrak{C}^*$ bezeichnet. Es ist dann $\mathfrak{B}^*$ ein von den Kurven $F_2SF_1\mathfrak{C}^*$ begrenztes Viereck mit den Ecken $Q_2P_2P_1Q_1$.

Bildet man nunmehr die zur komplexen Veränderlichen $z = x + iy$ gehörige Funktion
$$w = f(z) = u + iv,$$
so ist w eine analytische Funktion von z, die in dem einfach zusammenhängenden Bereich $\mathfrak{B}^*$ eindeutig erklärt und, abgesehen von den Ecken, regulär analytisch ist. Jedem Punkt z aus $\mathfrak{B}^*$ der z-Ebene wird eindeutig ein Punkt w der w-Ebene zugeordnet und diese Punkte bilden in der w-Ebene einen Bereich $\mathfrak{R}^*$, der, wie leicht zu ersehen ist, ein Rechteck ist. Da w eine analytische Funktion von z ist, ist im übrigen die Abbildung von $\mathfrak{B}^*$ auf $\mathfrak{R}^*$ eine, abgesehen von den Eckpunkten, konforme Abbildung. Daß $\mathfrak{R}^*$ ein Rechteck ist, folgt einfach daraus, daß auf den Kurven, welche $\mathfrak{B}^*$ begrenzen, u oder v einen konstanten Wert besitzt. Das Rechteck ist in Abb. 31 wiedergegeben. Nimmt man an, daß v auf F_2 gleich Null ist — es ist ja v nur bis auf eine additive Konstante bestimmt, über die hier verfügt werden kann —

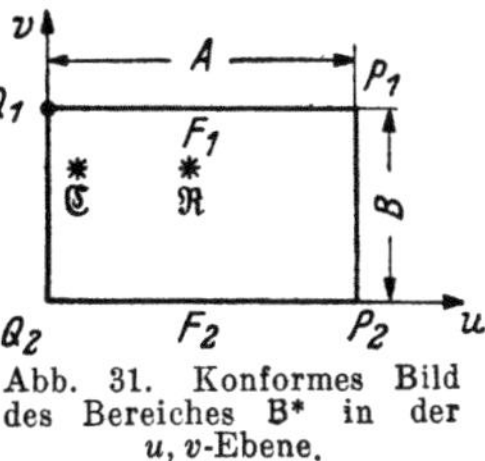

Abb. 31. Konformes Bild des Bereiches B* in der u, v-Ebene.

so wird Q_2 in den Punkt $w = 0$, P_2 in den Punkt $u = A$, $v = 0$; P_1 in einen Punkt mit den Koordinaten $u = A$ und $v = v(P_1) - v(P_2)$ abgebildet, für das Weitere setze man
$$v(P_1) - v(P_2) = B.$$
Das Rechteck $\mathfrak{R}^*$ hat also Seiten von der Länge A bzw. B und der gesuchte Wellenwiderstand ergibt sich zu
$$Z = 60\,\pi\,\frac{A}{B}\,\Omega.$$

Natürlich liefert die Kenntnis der Funktion w nicht nur die Kapazität C pro Längeneinheit des Innenleiters gegen den Außenleiter, sondern überhaupt den Verlauf des elektrostatischen Feldes zwischen den Leitern. Die Berechnung von C bzw. Z führt indessen im folgenden auf Formeln für die Funktionen u und v, wobei diese sich im Laufe der Untersuchung stets von selber mit ergeben, auch wenn sie nicht besonders vermerkt sind. — Es sollen nunmehr zwei für die Technik wichtige Leiteranordnungen berechnet werden:

Außenleiter von kreisförmigem Querschnitt mit ebenen, durch die Achse gehenden Band als Innenleiter.

Als erste Anwendung sei eine Leiteranordnung betrachtet, deren Querschnitt mit der xy-Ebene einen Kreis mit einem geradlinigen durch den Mittelpunkt des Kreises gehenden Streifen für den Innenleiter darstellt. Es ist nicht notwendig, daß die Mitte von S der Kreismittelpunkt ist, doch soll dies der Einfachheit halber angenommen werden. In Abb. 32 sind die geometrischen Verhältnisse veranschaulicht. Die Bandbreite ist mit b, der Kreisdurchmesser mit d bezeichnet.

Die x-Achse enthalte das Band, der Koordinatenursprung sei der Nullpunkt, so daß der Kreis also durch $|z| = d/2$ definiert ist. Man sieht sofort, daß die zu Beginn geforderten Symmetrieverhältnisse hier vor-

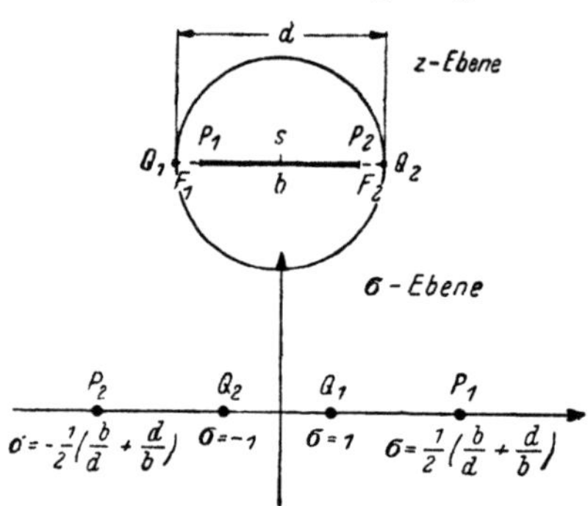

Abb. 32. Ebener Innenleiter in Außenleiter von kreisförmigem Querschnitt, und Abbildung auf eine Hilfsebene.

liegen, die Verlängerungen des Schlitzes S sind Feldlinien F_1 und F_2, und es kommt nun darauf an, den oberen Halbkreis so auf ein Rechteck der w-Ebene abzubilden, daß die Punkte $Q_2\, P_2\, P_1\, Q_1$ in die Ecken des Rechtecks übergehen. Das mit $60\,\pi$ multiplizierte Verhältnis der Rechteckseiten ist dann der gesuchte Wellenwiderstand. Durch die Funktion

$$\sigma = -\frac{1}{d}\left(z + \frac{d^2}{4z}\right)$$

wird der obere Halbkreis in der z-Ebene abgebildet auf die obere σ-Halbebene, und zwar so, wie es die obenstehende Abbildung zeigt. Nach den Ausführungen des II. Kapitels wird mittels

$$\sigma = \mathrm{sn}\,(w,\,k) \quad \text{mit} \quad k = \frac{2b\,d}{b^2 + d^2}$$

die obere σ-Halbebene auf ein Rechteck der w-Ebene abgebildet derart, daß die Punkte $P_2\, Q_2\, Q_1\, P_1$ in die Ecken dieses Rechtecks übergehen, und die eingangs durchgeführten Betrachtungen ergeben unmittelbar für den Wellenwiderstand der im Querschnitt gezeigten Leiteranordnung den Wert

$$Z = 30\,\pi\,\frac{K'}{K} \quad \text{mit} \quad k = \frac{2\,\frac{b}{d}}{1 + \left(\frac{b}{d}\right)^2} \; .$$

Wenn die Mitte der Strecke S nicht der Mittelpunkt des Kreises ist, aber die Strecke S wenigstens ein Stück eines Kreisdurchmessers ist, kommt man mit denselben Betrachtungen zum Ziel, nur daß man zwischendurch σ noch einer gebrochen linearen Substitution unterwerfen muß. Die Formeln werden dann kompliziert und sollen hier nicht wiedergegeben werden.

Ebenes Band im Außenleiter von rechteckigem Querschnitt.

Es soll nun der Fall einer Leiteranordnung betrachtet werden, deren Querschnitt mit der z-Ebene die in nebenstehender Abbildung gezeigte Gestalt hat. Auch hier ist es nicht wesentlich, daß die Mitte der den Innenleiter darstellenden Strecke S der Breite b gerade mit dem Schwerpunkt zusammenfällt, aber es muß S auf einer der beiden Koordinatenachsen liegen. Die Breite des Rechtecks ist mit a, seine Höhe mit d bezeichnet. Auch hier kommt es darauf an, die obere Hälfte des Rechtecks konform auf ein anderes Rechteck R abzubilden, so daß die Punkte $Q_2\, P_2\, P_1\, Q_1$ in die Ecken von R übergehen. Man wird dazu versuchen, das obere

Halbrechteck zunächst auf eine Halbebene und diese sodann wieder mit Hilfe einer Funktion $\sigma = \mathrm{sn}\,(w, k)$ auf ein Rechteck abzubilden. Der erste Schritt geschieht nach den Ausführungen des II. Kapitels mittels der Funktion

$$\sigma = \mathrm{sn}\left(2\,K_0\,\frac{z}{a}\,,\,k_0\right),$$

wobei sich k_0 aus der transzendenten Gleichung

$$\frac{a}{d} = \frac{K\,(k_0)}{K\,(\sqrt{1-k_0^2})}$$

ergibt.

Abb. 33. Ebenes Band im Außenleiter von rechteckigem Querschnitt.

$K = K(k)$ $K' = K(k')$ $k'^2 = 1 - k^2$	$\dfrac{Z}{\Omega}$	Modul k	Näherungsformeln für Z	
1	$120\,\pi \cdot \dfrac{K}{K'}$	$\dfrac{\dfrac{d}{b}}{2 + \dfrac{d}{b}}$	$\dfrac{d}{b} < 1$ $\dfrac{60\,\pi^2}{\ln 4\left(1 + 2\,\dfrac{b}{d}\right)}$	$\dfrac{d}{b} > 1$ $120 \cdot \ln 4\left(2 + \dfrac{d}{b}\right)$
2	$120\,\pi \cdot \dfrac{K}{K'}$	siehe Fußnote *)	$\dfrac{d}{b} < 1$ $120\,\pi\,\dfrac{d}{b}$	$\dfrac{d}{b} > 1$ $120 \cdot \ln\left(4\,\dfrac{d}{b}\right)$
3	$30\,\pi \cdot \dfrac{K}{K'}$	$\dfrac{1}{\cosh\left(\dfrac{\pi}{2}\,\dfrac{b}{d}\right)}$	$\dfrac{d}{b} < 1$ $\dfrac{15\,\pi^2}{\ln 2 + \dfrac{\pi}{2}\,\dfrac{b}{d}}$	$\dfrac{d}{b} > 1$ $60 \cdot \ln\left(\dfrac{8}{\pi} \cdot \dfrac{d}{b}\right)$
4	$30\,\pi \cdot \dfrac{K}{K'}$	$\cos\left(\dfrac{\pi}{2}\,\dfrac{b}{d}\right)$	$\dfrac{d}{b} \sim 1$ $\dfrac{15\,\pi^2}{\ln\left[\dfrac{8}{\pi\left(1 - \dfrac{b}{d}\right)}\right]}$	$\dfrac{d}{b} > 1$ $60 \cdot \ln\left(\dfrac{8}{\pi} \cdot \dfrac{d}{b}\right)$
5	$30\,\pi \cdot \dfrac{K}{K'}$	$\mathrm{cn}\left(1{,}854\,\dfrac{b}{d}\,,\,\dfrac{1}{\sqrt{2}}\right)$	$\dfrac{d}{b} \sim 1$ $\dfrac{15\,\pi^2}{\ln\left(\dfrac{3{,}06}{1 - \dfrac{b}{d}}\right)}$	$\dfrac{d}{b} > 1$ $60 \cdot \ln\left(2{,}16 \cdot \dfrac{d}{b}\right)$
6	$30\,\pi \cdot \dfrac{K}{K'}$	$\dfrac{1 - \left(\dfrac{b}{d}\right)^2}{1 + \left(\dfrac{b}{d}\right)^2}$	$\dfrac{d}{b} \sim 1$ $\dfrac{15\,\pi^2}{\ln\left(\dfrac{4}{1 - \dfrac{b}{d}}\right)}$	$\dfrac{d}{b} > 1$ $60 \cdot \ln\left(2\,\dfrac{d}{b}\right)$

*) k ist zu bestimmen aus folgender Gleichung: $\mathrm{zn}\,(u_1, k) = \pi\,b\,/\,(2\,K\,(k)\,d)$, $\mathrm{zn}\,(u_1, k) =$ Maximalwert von $\mathrm{zn}\,(u, k)$, wobei zn die JACOBIsche Zetafunktion ist.

Die Punkte $Q_2\,P_2\,P_1\,Q_1$ der z-Ebene gehen dabei in Punkte der reellen σ-Achse über, die alle vom Nullpunkt einen Abstand ≤ 1 haben, die Bildpunkte von P_1 und P_2 $\left[\sigma = \pm \mathrm{sn}\left(K_0 \dfrac{b}{a},\,k_0\right)\right]$ liegen näher an $\sigma = 0$ als die Bildpunkte von Q_2 und Q_1, welche auf die Punkte $\sigma = \pm 1$ fallen. Eine neue Abbildung $\sigma^* = -\dfrac{1}{\sigma}$ führt die obere Halbebene der σ-Ebene in die obere Halbebene der σ^*-Ebene über. Die Bildpunkte der Punkte Q_1, Q_2 sind wieder die Punkte $\sigma^* = \pm 1$, aber die Bildpunkte von P_1, P_2 haben nun die Koordinaten $\sigma^* = \dfrac{\pm 1}{\mathrm{sn}\left(K_0 \dfrac{b}{a},\,k_0\right)}$ und sind somit weiter von $\sigma^* = 0$ entfernt als die Bildpunkte von Q_1 und Q_2. Man kann die schon früher (beim geraden Band im Leiter von kreisförmigem Querschnitt) benutzte Schlußweise wiederholen und findet durch die neue Abbildung

$$\sigma^* = \mathrm{sn}\,(w,\,k) \quad \text{mit} \quad k = \mathrm{sn}\left(K_0 \frac{b}{a},\,k_0\right) \qquad k' = \mathrm{cn}\left(K_0 \frac{b}{a},\,k_0\right)$$

der σ^*-Halbebene auf ein Rechteck der w-Ebene, daß der Wellenwiderstand der Leiteranordnung sich berechnet zu

$$Z = 30\,\pi\,\frac{K'}{K} \quad \text{mit} \quad k = \mathrm{sn}\left(\frac{b}{a}\,K_0,\,k_0\right).$$

Spezialfälle.

Als Spezialfälle dieser Gleichung sind von Interesse die Fälle $a = d$, wenn also das Rechteck ein Quadrat ist, und die Fälle $a = \infty$ oder

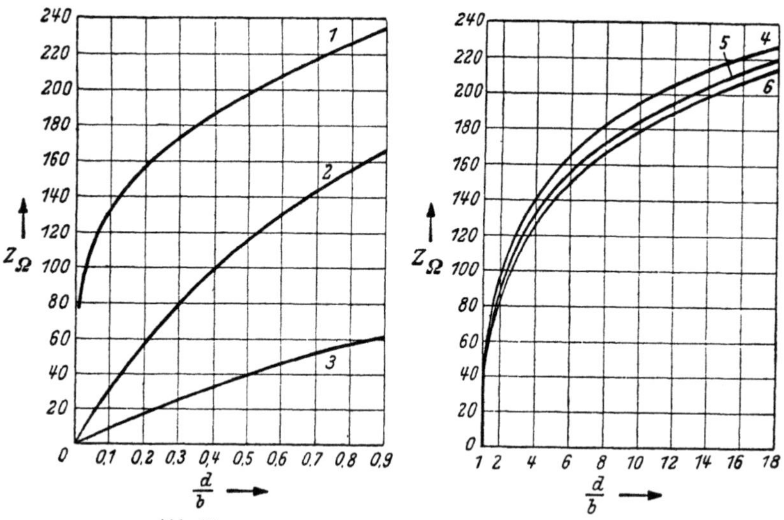

Abb. 34.   Abb. 35.

Verlauf des Wellenwiderstandes Z (gemessen in Ohm) für Zweibandleitungen als Funktion der geometrischen Verhältnisse der Leitungen. Die Nummern bezeichnen die in der tabellarischen Übersicht der Bandleitungen beschriebenen Anordnungen.

$d = \infty$, welche dem Fall eines Bandes zwischen zwei parallelen Ebenen entsprechen, wobei das Band parallel oder senkrecht zu den Ebenen steht. Im Fall $a = d$ wird $k_0 = \dfrac{1}{\sqrt{2}}$; $K_0 = 1,854 \ldots$

Im Falle $a = \infty$ wird $k_0 = 1$; $k = \mathrm{sn}\left(K_0 \dfrac{b}{a}, k_0\right) = \tanh\left(\dfrac{\pi}{2} \dfrac{b}{d}\right)$.

Im Falle $d = \infty$ wird $k_0 = 0$; $k = \mathrm{sn}\left(K_0 \dfrac{b}{a}, k_0\right) = \sin\left(\dfrac{\pi}{2} \dfrac{b}{a}\right)$.

Für die wichtigsten der im vorstehenden Paragraphen behandelten Leiterkonfigurationen sind die Formeln für den Wellenwiderstand Z in der Tabelle auf S. 63 zusammengestellt. Der Verlauf von Z ist aus den Kurvendarstellungen (Abb. 34, 35) zu entnehmen, wobei die Zahlen an den einzelnen Kurven den aus der Tabelle ersichtlichen Leitungsanordnungen entsprechen.

Einige Hinweise zur numerischen Berechnung.

Zur Auswertung der Formel für den Wellenwiderstand $Z = 30\,\pi\,K'/K$ mit $k = \mathrm{sn}\left(K_0 \dfrac{b}{a}, k_0\right)$ ist es zunächst notwendig, den Modul k aus den geometrischen Abmessungen der Leiteranordnung zu berechnen. Der Modul k_0 der Funktion $\mathrm{sn}\left(K_0 \dfrac{b}{a}, k_0\right)$ ergibt sich aus der transzendenten Gleichung

$$\frac{a}{d} = \frac{K(k_0)}{K(k_0')} = \frac{K_0}{K_0'} \tag{15}$$

und kann mit Hilfe der Tabelle S. 114, 115 ermittelt werden.

Nunmehr ist, wenn α der dem Modul k entsprechende Modularwinkel bedeutet $(k = \sin\alpha)$,

$$\alpha = am\left(K_0\,\frac{b}{a}, k_0\right),$$

womit Z ohne weiteres berechnet werden kann. Der Wellenwiderstand Z, oder die Kapazität C sämtlicher im vorstehenden Paragraphen behandelten Leiteranordnungen berechnet sich als Produkt eines konstanten Zahlenfaktors mit dem Faktor K/K' bzw. K'/K, wobei der Modul k von K eine Funktion der geometrischen Abmessungen der Leiterkonfiguration ist. Zur zahlenmäßigen Berechnung von Z oder C kann dann die Tabelle S. 114 herangezogen werden.

Literatur zum vorstehenden Paragraphen.

Bowman, F.: Notes on Two-Dimensional electric Field problems. Proc. Lond. math. Soc. **39**, 205 (1935); **41**, 271 (1936).

Kottler, F.: Elektrostatik der Leiter. Handbuch der Phys. Bd. 12, S. 464 u. 475; Berlin 1927.

Love, A. E. H.: Some Electrostatic Distributions in two Dimensions. Proc. Lond. math. Soc. (2) **22**, 337 (1924).

MAGNUS, W. u. F. OBERHETTINGER: Die Berechnung des Wellenwiderstandes einer Bandleitung mit kreisförmigem bzw. rechteckigem Außenleiterquerschnitt. Arch. Elektrotechn. **1943**, 380.
MORTON, W. B.: On the parallel-plate condensor and other two dimensional fields specified by elliptic Functions. Phil. Mag. **2**, 827 (1926).
THOMSON, J. J.: Recent Researches in Electricity and Magnetism. London 1893.

§ 2. Drahtförmige Leiteranordnungen.

Quellinienpotential.

Wird

$$w = u + iv = A \ln (x + iy) = A \ln \varrho + iA\varphi \qquad (16)$$

mit $\varrho = \sqrt{x^2 + y^2}$ und $\varphi = \mathrm{arc\ tg}\ y/x$ gesetzt, so stellt w ein elektrisches Feld dar, dessen Potentialfunktion $u = A \ln \varrho$ nur eine Funktion des Abstandes ϱ des Aufpunktes von der z-Achse, also rotationssymmetrisch zu dieser ist. Ein derartiges elektrostatisches Potential entspricht dem eines elektrisch geladenen Kreiszylinders, dessen Achse mit der z-Achse zusammenfällt. Die Konstante A hängt in ganz bestimmter Weise von der (im übrigen längs des Umfanges des kreisförmigen Querschnitts gleichmäßig verteilten) Ladung q des Zylindermantels pro Einheit der Längserstreckung ab und kann nach den vorhergehenden Ausführungen gemäß Gl. (6a) und Gl. (16) berechnet werden.

Es ist

$$q = -\frac{1}{4\pi} A (2\pi - 0) = -\frac{A}{2}$$

und somit $A = -2q$. Mithin gibt

$$w = u + iv = -2q \ln (x + iy) = -2q \ln \varrho - i\,2q\varphi \qquad (17)$$

das Feld (Potential- und Kraftlinienfunktion) eines Kreiszylinders mit der Ladung q pro Einheit der Längserstreckung. Da in (17) der Zylinderradius, der mit ϱ_0 bezeichnet sei, nicht eingeht, so kann die Ladung auf seiner Mantelfläche durch eine gleiche längs seiner Achse gleichmäßig verteilte ersetzt werden. Die Potentialfunktion u aus Gl. (17)

$$u = -2q \ln \varrho \qquad (18)$$

wird als Quellinienpotential bezeichnet.

Quellinienfelder.

Es soll nunmehr das elektrostatische Feld von Anordnungen untersucht werden, die sich aus einer in geeigneter Weise angeordneten unendlichen Folge von geladenen Quellinien zusammensetzen. Als erstes wird der Fall angenommen, daß die Quellinien in einer Ebene im äquidistanten Abstand d parallel zueinander verlaufen (elektrisch geladenes ebenes Drahtgitter). Die Ladung pro Längeneinheit auf jedem der (im Vergleich zum gegenseitigen Abstand dünnen) Drähte sei mit $+\,q$ angenommen. Liegen die Spurpunkte dieser Drähte auf der x-Achse, so setzt sich die Feldfunktion w additiv aus der Summe der Feldfunktionen einzelner Quellinien zusammen. Mithin ist gemäß (17) für irgendeine endliche Anzahl von Quellinien:

$$w = -2q\,[\ln z + \ln (z+d) + \ln (z-d) + \ln (z+2\,d) + \ln (z-2\,d) + \cdots\,];$$

hier bedeutet $z = x + i\,y$ den Aufpunkt P. Es wird also:

$$w = -2q\,[\ln z + \ln (z^2-d^2) + \ln (z^2-4\,d^2) + \ln (z^2-9\,d^2) + \cdots]\ \text{oder}$$

$$w = -2q\left[\sum n \ln (-n^2\,d^2) + \ln z + \sum n \ln\left(1 - \frac{z^2}{n^2\,d^2}\right)\right].$$

Hier kann, da im allgemeinen nur die Potentialdifferenz, nicht aber der Absolutwert des Potentials eine Rolle spielt, der innerhalb der eckigen Klammer stehende von z unabhängige Summand weggelassen werden. Es wird demnach, wenn man nunmehr den Grenzübergang zu einer unendlichen Anzahl von Quellinien vollzieht:

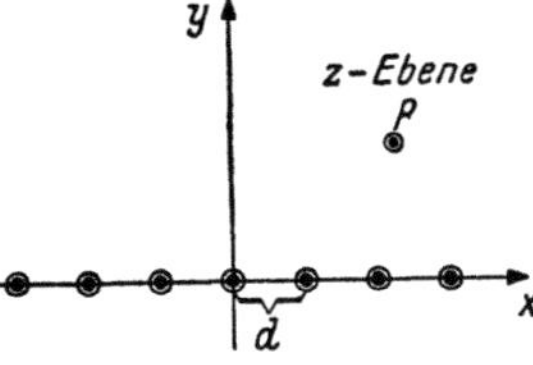

Abb. 36. Querschnitt durch ein lineares Drahtgitter.

$$w = -2q \ln\left[z \prod_{n=1}^{\infty}\left(1 - \frac{z^2}{n^2\,d^2}\right)\right].$$

Beachtet man aber die allgemeine Darstellung der Sinusfunktion als unendliches Produkt:

$$\sin u = u \prod_{n=1}^{\infty}\left(1 - \frac{u^2}{n^2\,\pi^2}\right),$$

so ist

$$w = -2q \ln\left[\frac{d}{\pi}\sin\left(\pi\,\frac{z}{d}\right)\right]$$

und, wenn der konstante Summand $-2q \ln (d/\pi)$ aus den schon oben erwähnten Gründen fortgelassen wird, so ergibt sich endgültig für die Feldfunktion des elektrisch geladenen Drahtgitters

$$w = -2q \ln \sin\left(\pi\,\frac{z}{d}\right). \tag{19}$$

Wird nunmehr eine Anzahl von $2\,N + 1$ unendlich ausgedehnten ebenen Drahtgittern derart angeordnet, daß ihre Ebenen parallel zueinander im gegenseitigen Abstand d_1 verlaufen, so entsteht ein räumliches elektrisch geladenes Gitter. Das Feld dieser Anordnung berechnet sich durch Summierung der Feldfunktionen sämtlicher ebenen Gitter, deren jede einzelne mittels Gl. (19) angegeben werden kann. Es

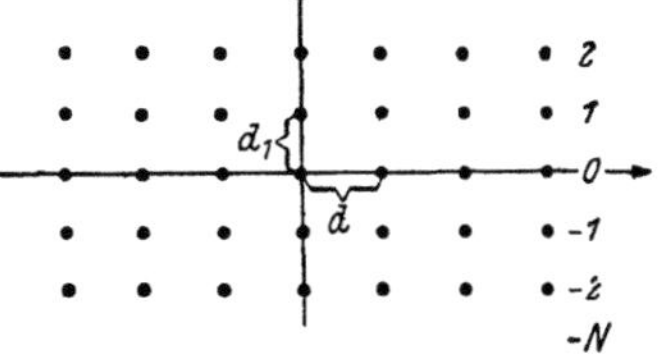

Abb. 37. Querschnitt durch ein Drahtgitter.

folgt somit, wenn q die Ladung eines Drahtes pro Längeneinheit bedeutet

$$w = -2q \sum_{n=-N}^{+N} \ln \sin \frac{\pi}{d}(z - i\,n\,d_1).$$

Löst man die Summe auf, so folgt:

$$w = -2q\left\{\ln\sin\left(\pi\frac{z}{d}\right) + \ln\sin\frac{\pi}{d}(z - i\,d_1) + \ln\sin\frac{\pi}{d}(z + i\,d_1)\right.$$
$$\left. + \cdots + \ln\sin\frac{\pi}{d}(z - i\,N\,d_1) + \ln\sin\frac{\pi}{d}(z + i\,N\,d_1)\right\}$$

oder

$$w = -2q\left\{\ln\sin\left(\pi\frac{z}{d}\right) + \ln\frac{1}{2}\left[\cos\left(i\,2\pi\frac{d_1}{d}\right) - \cos\left(2\pi\frac{z}{d}\right)\right] + \cdots\right.$$
$$\left. + \ln\frac{1}{2}\left[\cos\left(i\,2\pi N\frac{d_1}{d}\right) - \cos\left(2\pi\frac{z}{d}\right)\right]\right\}$$

somit

$$w = -2q\left\{\ln\sin\left(\pi\frac{z}{d}\right) + \sum_{n=1}^{N}\ln\frac{1}{2}\left[\cos\left(i\,2\pi n\frac{d_1}{d}\right) - \cos\left(2\pi\frac{z}{d}\right)\right]\right\}$$

und nach einer kleinen Umformung folgt

$$w = -2q\sum_{n=1}^{N}\ln\left[\frac{1}{2}\cosh\left(2\pi n\frac{d_1}{d}\right)\right]$$
$$-2q\ln\left\{\sin\left(\pi\frac{z}{d}\right)\prod_{n=1}^{N}\left[1 - \frac{\cos\left(2\pi\frac{z}{d}\right)}{\cosh\left(2\pi n\frac{d_1}{d}\right)}\right]\right\}.$$

Dies ist somit die Feldfunktion für die $2N + 1$ ebenen Drahtgitter.

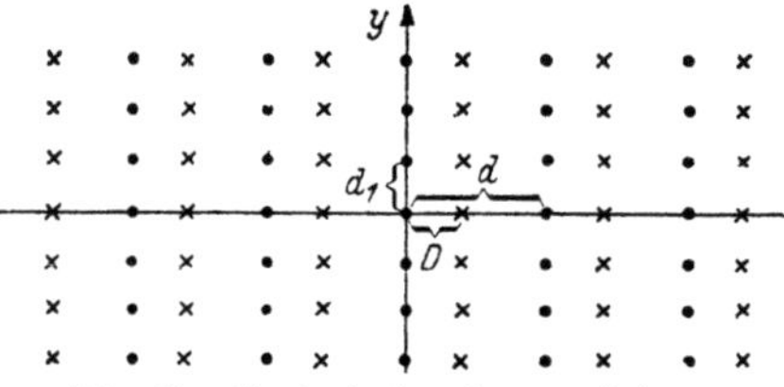

Abb. 38.   Zwei ineinander geschobene entgegengesetzt geladene Drahtgitter.

Wird zu diesem positiv geladenen Raumgitter ein zweites kongruentes negativ geladenes derart angeordnet, daß beide Gitter durch eine Parallelverschiebung um den Betrag D in Richtung der reellen Achse miteinander zur Deckung gebracht werden können (in obenstehender Abb. 38 sind die Spurpunkte der negativ geladenen Quellinien mit einem Kreuz angedeutet), so ist die Feldfunktion für diese Anordnung nach dem Vorhergehenden:

$$w = -2q\left\{\ln\sin\left(\pi\frac{z}{d}\right)\prod_{n=1}^{N}\left[1 - \frac{\cos\left(2\pi\frac{z}{d}\right)}{\cosh\left(2\pi n\frac{d_1}{d}\right)}\right]\right.$$
$$\left. -\ln\sin\frac{\pi}{d}(z - D)\prod_{n=1}^{N}\left[1 - \frac{\cos\frac{2\pi}{d}(z - D)}{\cosh\left(2\pi n\frac{d_1}{d}\right)}\right]\right\}, \qquad \text{oder}$$

$$w = -2q\ln\left\{\frac{\sin\left(\pi\frac{z}{d}\right)}{\sin\frac{\pi}{d}(z - D)} \cdot \prod_{n=1}^{N}\frac{1 - \dfrac{\cos\left(2\pi\frac{z}{d}\right)}{\cosh\left(2\pi n\frac{d_1}{d}\right)}}{1 - \dfrac{\cos 2\pi\frac{z - D}{d}}{\cosh\left(2\pi n\frac{d_1}{d}\right)}}\right\}.$$

Wird der Grenzübergang $N \to \infty$ ausgeführt, so folgt für die Feldfunktion zweier parallel verschobener unendlich ausgedehnter mit entgegengesetzter Ladung versehener Raumgitter, wenn noch Gl. (I,17b) beachtet wird,

$$w = -2q \ln \left[\frac{\vartheta_1 \left(\dfrac{z}{d} \right)}{\vartheta_1 \left(\dfrac{z-D}{d} \right)} \right], \tag{20}$$

wobei der Parameter τ der Thetafunktion gleich $i\,d_1/d$ wird.

a) Feld eines ebenen elektrisch geladenen Drahtgitters zwischen zwei parallelen leitenden Ebenen

Mit den im vorhergehenden gewonnenen Ergebnissen läßt sich leicht das elektrostatische Feld folgender Leiteranordnung bestimmen. Zwischen zwei unendlich ausgedehnten leitenden im gegenseitigen Abstand $2h$ parallel zueinander verlaufenden Ebenen verläuft ein ebenes Drahtgitter im Abstand a von der Mittelebene. Die Gitterkonstante des Drahtgitters sei L, die Ladung eines jeden Drahtes pro Längeneinheit sei q. Wird der Radius ϱ_0 eines jeden Drahtes klein im Verhältnis sowohl zu dem Abstand der Drahtachse von den beiden Ebenen als auch zu dem gegenseitigen Abstand L zweier benachbarter Drähte angenommen, so verteilt sich die Ladung eines jeden Drahtes gleichmäßig über den Umfang des Zylinderquerschnittes und kann daher als auf der Drahtachse befindlich angesehen werden.

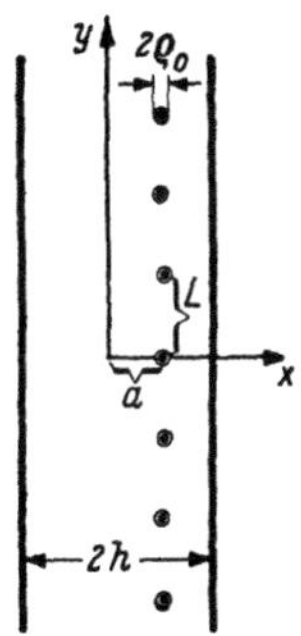

Abb. 39. Querschnitt durch ein lineares Drahtgitter zwischen zwei Ebenen.

Nach einem in der Elektrostatik häufig angewandten Prinzip können die beiden leitenden Ebenen $y = \pm h$ durch die sog. Spiegelbilder der Drähte folgendermaßen ersetzt werden. Greift man z. B. (vgl. Abb. 40) die die x, y-Ebene durchstoßende Quel-

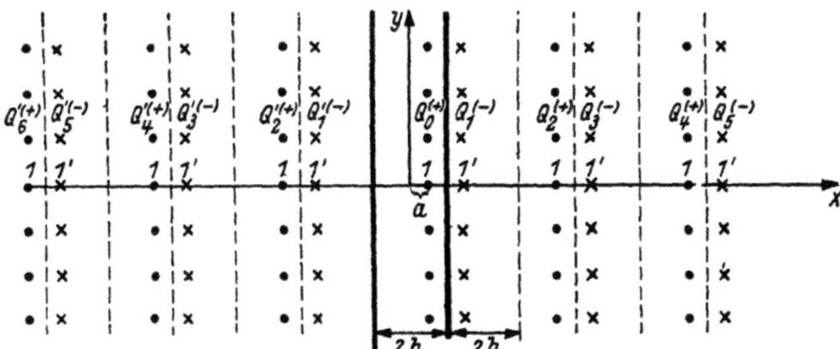

Abb. 40. Querschnitt durch ein lineares Drahtgitter zwischen parallelen Ebenen und seine Spiegelbilder.

linie $Q_0^{(+)}$ mit der positiven Ladung $+q$ heraus, so entstehen durch Spieglung von $Q_0^{(+)}$ an den beiden Begrenzungsebenen die negativ geladenen

Bilder $Q^{(-)}$ und $Q_1'^{(-)}$ im Abstand $2h - a$ bzw. $2h + a$ von der imaginären Achse. Eine nochmalige Spiegelung von $Q_1^{(-)}$ bzw. $Q'^{(-)}$ an den Ebenen $x = -h$ bzw. $x = h$ liefert die positiven Bilder $Q_2'^{(+)}$ bzw. $Q_2^{(+)}$ im Abstand $-(4h-a)$ bzw. $4h + a$ von der imaginären Achse. Fährt man auf diese Weise fort, so entstehen (z. B. auf der x-Achse) zwei unendliche Reihen 1 bzw. 1' von äquidistanten (gegenseitiger Abstand $4h$) Linienquellen, die positiv bzw. negativ geladen sind. Desgleichen ist mit den anderen in der Gitterebene $x = a$ liegenden positiven Quellinien zu verfahren. Man erhält also auf diese Weise durch fortgesetzte Spiegelung des Drahtgitters in der Ebene $x = a$ an den beiden Begrenzungsebenen zwei räumliche regelmäßige Drahtgitter, deren eines positiv und deren anderes negativ geladen ist und die durch Parallelverschiebung um den Betrag $2h - 2a$ in Richtung der reellen Achse miteinander zur Deckung gebracht werden können. Die Abbildung 40 zeigt die Spurpunkte der beiden Gitter in der komplexen z-Ebene. Die Spurpunkte der negativ geladenen Quellinien sind wieder gekreuzt angedeutet.

Gemäß Gl. (20) ist daher die Feldfunktion w dieses Feldes gleich

$$w = -2q \ln\left[\frac{\vartheta_1\left(\dfrac{z-a}{4h}\right)}{\vartheta_1\left(\dfrac{z-2h+a}{4h}\right)}\right]$$

und, da $\vartheta_1\left(\dfrac{z+a}{4h} - \dfrac{1}{2}\right) = -\vartheta_2\left(\dfrac{z+a}{4h}\right)$, so wird

$$w = -2q \ln\left[\frac{\vartheta_1\left(\dfrac{z-a}{4h}\right)}{\vartheta_2\left(\dfrac{z+a}{4h}\right)}\right], \tag{21}$$

wobei der Parameter τ der Thetafunktionen gleich $iL/4h$ ist und der Summand $-2q\ln(-1)$ fortgelassen ist.

Man kann sich leicht davon überzeugen, daß Gl. (21) alle erforderlichen Bedingungen erfüllt, nämlich:

1. Am Ort $z = \pm imL$ ($m = 0, 1, 2, \ldots$) eines jeden Drahts wird der Realteil von w, also die Potentialfunktion u logarithmisch singulär.

2. An den beiden leitenden Ebenen $z = \pm h + iy$ (y beliebig) nimmt die Potentialfunktion den konstanten Wert $u = 0$ an. Außerdem zeigt die Potentialfunktion

$$u = -2q\, Re \ln\left[\frac{\vartheta_1\left(\dfrac{z-a}{4h}\right)}{\vartheta_2\left(\dfrac{z+a}{4h}\right)}\right]$$

doppelt periodisches Verhalten. Die Perioden sind $\omega = 4h$ und $\omega' = iL$. Die Eigenschaft der doppelten Periodizität des Feldes ist ohne weiteres aus dem mittels des Spiegelungsverfahrens gewonnenen Ersatzbild ersichtlich. Zur Berechnung der Kapazität eines jeden Drahtes pro Längeneinheit ist es notwendig, die Potentialfunktion u_0 an der Oberfläche eines der Drähte zu kennen. So gilt z. B. auf der Oberfläche $z = a + \varrho_0\, e^{i\varphi}$ des die reelle Achse durchstoßenden Drahtes:

$$u_0 = -\,2q \ln \left[\frac{\vartheta_1\left(\dfrac{\varrho_0\, e^{i\varphi}}{4h}\right)}{\vartheta_2\left(\dfrac{a}{2h} + \dfrac{\varrho_0}{4h}\cdot e^{i\varphi}\right)} \right].$$

Nun ist, da $\varrho_0 \ll 4h$ vorausgesetzt, $\vartheta_1\left(\dfrac{\varrho_0}{4h}\cdot e^{i\varphi}\right) \sim \dfrac{\varrho_0}{4h}\cdot e^{i\varphi}\cdot \vartheta_1'(0)$ und somit

$$u_0 = -\,2q \ln \left[\frac{\dfrac{\varrho_0}{4h}\cdot \vartheta_1'(0)}{\vartheta_2\left(\dfrac{a}{2h}\right)} \right].$$

Mithin ist die Kapazität C pro Draht und Längeneinheit

$$C = \frac{1}{2\ln\left[\dfrac{4h}{\varrho_0}\cdot\dfrac{1}{\vartheta_1'(0)}\cdot\vartheta_2\left(\dfrac{a}{2h}\right)\right]}, \tag{22}$$

wobei der Parameter τ der Thetafunktionen gleich $i\,\dfrac{L}{4h}$ ist.

Spezialfälle.

1. $a = 0$. Dann ist, wegen $\vartheta_1' = \pi\,\vartheta_2\,\vartheta_3\,\vartheta_0$ und $\vartheta_3\,\vartheta_0 = \dfrac{2K}{\pi}\sqrt{k'}$ (siehe I, 20, 21)

$$C = \frac{1}{2\ln\left(\dfrac{2h}{\varrho_0}\cdot\dfrac{1}{K\sqrt{k'}}\right)}.$$

Der Modul k von K bestimmt sich aus der transzendenten Gleichung $\dfrac{4h}{L} = \dfrac{K}{K'}$.

2. $L \gg h$; $\tau = i\,\dfrac{L}{4h}$; $e^{i\pi\tau} \ll 1$.

In diesem Falle ist

$$\vartheta_2\left(\frac{a}{2h}\right) \sim 2e^{i\pi\tau/4}\cos\left(\frac{\pi a}{2h}\right); \quad \vartheta_1' \sim 2\pi\, e^{i\pi\tau/4}$$

und somit ist

$$C = \frac{1}{2\ln\left[\dfrac{4h}{\pi\,\varrho_0}\cdot\cos\left(\dfrac{\pi a}{2h}\right)\right]}$$

die Kapazität pro Längeneinheit eines einzelnen Drahtes zwischen den beiden leitenden Ebenen.

b) *Kapazitätsberechnung für einen geraden Draht in einem Zylinder von rechteckigem Querschnitt.*

Es soll das elektrostatische Feld bestimmt werden, welches folgender Anordnung entspricht (vgl. Abb. 41):

Parallel der Achse eines auf dem Potential Null befindlichen leitenden geraden Hohlzylinders von rechteckigem Querschnitt mit den Seiten-

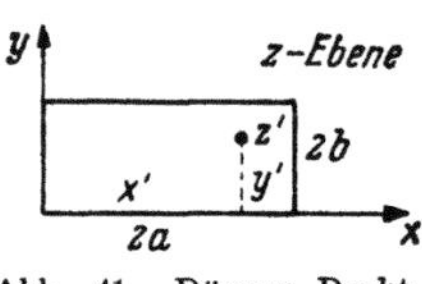

Abb. 41. Dünner Draht in Zylinder von rechteckigem Querschnitt.

längen $2a$ bzw. $2b$ verlaufe ein dünner Draht mit kreiszylindrischem Querschnitt vom Radius ϱ_0. Der Draht trage die Ladung $+q$ pro Längeneinheit. Das Rechteck sei so orientiert daß seine Seiten mit den Achsen der z-Ebene zusammenfallen, derart, wie es die Abbildung 41 zeigt. Die Drahtachse durchstoße die z-Ebene im Punkte z'. Wird vorausgesetzt, daß der Radius ϱ_0 klein ist gegen den Abstand der Drahtachse von den Wandungen des Außenleiters, so wird sich die Ladung q pro Einheit der Längserstreckung des Drahtes gleichmäßig längs des Umfanges des Querschnittes verteilen. Nach dem

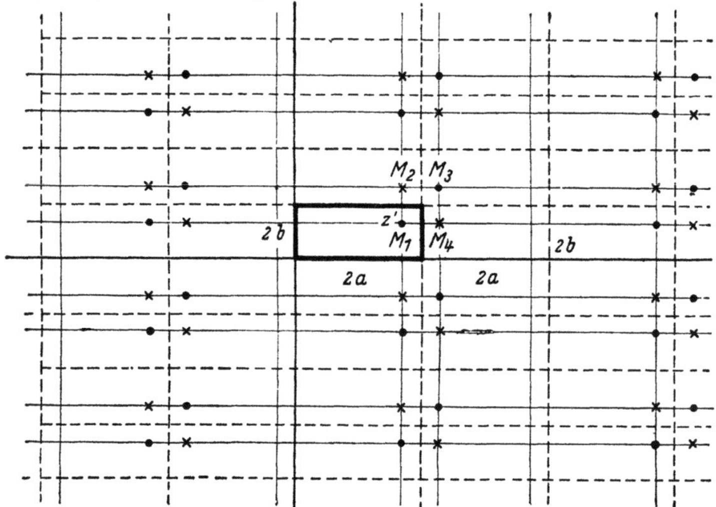

Abb. 42. Dünner geladener Draht in leitendem Zylinder von rechteckigem Querschnitt, mit seinen (elektrischen) Spiegelbildern.

Vorhergehenden kann dann die Ladung als gleichmäßig längs der Zylinderachse verteilt angesehen werden. Durch fortgesetzte Spiegelung der Quellinie an den Begrenzungsebenen derart, wie es in dem vorhergehenden Beispiel ausgeführt wurde, ensteht ein System von Quelllinien, wie es in der Abbildung 42 angedeutet ist. Hierbei sind die negativen Ladungen wieder durch ein Kreuz markiert. Wird die z-Ebene in zum Außenleiterquerschnitt kongruente Elementar-

rechtecke aufgeteilt, so liegt in jedem Rechteck gerade ein Durchstoß-
punkt mit positivem bzw. negativem Vorzeichen. Man erhält 4 Systeme
von regelmäßigen unendlich ausgedehnten Raumgittern, von denen je
zwei positiv und je zwei negativ geladen sind. Die Mittelpunkte M_1, M_2,
M_3, M_4, dieser Gitter sind:

$$\begin{aligned}
&M_1 : z = z' && \text{positives Gitter}\\
&M_2 : z = \overline{z}' + i\,4\,b && \text{negatives Gitter}\\
&M_3 : z = -\,z' + 4\,a + i\,4\,b && \text{positives Gitter}\\
&M_4 : z = -\,\overline{z}' + 4\,a && \text{negatives Gitter.}
\end{aligned}$$

Hierbei bedeutet $\overline{z}'$ den konjugiert komplexen Wert des Quellpunktes
$z' = x' + i\,y'$. Die Gitterkonstante eines jeden dieser Gitter ist $4\,a$
in der horizontalen und $4\,b$ in der vertikalen Richtung.

Gemäß Gl. (20) ist die Feldfunktion, die dieser Leiterkonfiguration
entspricht:

$$w = -\,2\,q\left\{\ln\frac{\vartheta_1\left(\dfrac{z-z'}{4\,a}\right)}{\vartheta_1\left(\dfrac{z-\overline{z}'-i\,4\,b}{4\,a}\right)} + \ln\frac{\vartheta_1\left(\dfrac{z+z'-4\,a-i\,4\,b}{4\,a}\right)}{\vartheta_1\left(\dfrac{z+\overline{z}'-4\,a}{4\,a}\right)}\right\},$$

wobei der Parameter τ der Thetafunktionen gleich $i\,b/a$ ist.

Nun ist aber:

$$\vartheta_1\left(\frac{z-\overline{z}'-i\,4\,b}{4\,a}\right) = \vartheta_1\left(\frac{z-\overline{z}'}{4\,a}\right)e^{\,i\,\pi\left(\frac{z-\overline{z}'}{2\,a}-\tau\right)}$$

$$\vartheta_1\left(\frac{z+z'-4\,a-i\,4\,b}{4\,a}\right) = -\,\vartheta_1\left(\frac{z+z'}{4\,a}\right)e^{\,i\,\pi\left(\frac{z+z'}{2\,a}-\tau\right)}$$

$$\vartheta_1\left(\frac{z+\overline{z}'-4\,a}{4\,a}\right) = \vartheta_1\left(\frac{z+\overline{z}'}{4\,a}\right).$$

Es folgt somit

$$w = -\,2\,q\ln\left[\frac{\vartheta_1\left(\dfrac{z-z'}{4\,a}\right)\vartheta_1\left(\dfrac{z+z'}{4\,a}\right)}{\vartheta_1\left(\dfrac{z-\overline{z}'}{4\,a}\right)\vartheta_1\left(\dfrac{z+\overline{z}'}{4\,a}\right)}\right] - i\,2\,\pi\,q\left(1+\frac{x'}{a}\right)$$

und wenn die additive Konstante weggelassen wird, folgt endgültig für
die Feldfunktion:

$$w = u + i\,v = -\,2\,q\ln\frac{\vartheta_1\left(\dfrac{z+z'}{4\,a}\right)\vartheta_1\left(\dfrac{z-z'}{4\,a}\right)}{\vartheta_1\left(\dfrac{z+\overline{z}'}{4\,a}\right)\vartheta_1\left(\dfrac{z-\overline{z}'}{4\,a}\right)}. \tag{23}$$

Nach Gl. (II, 8) ist die gesuchte Potentialfunktion bis auf den Faktor $2\,q$
mit der GREENschen Funktion des rechteckigen Bereichs identisch.
Dies ist gemäß der Definition der GREENschen Funktion ohne weiteres

evident. (Siehe auch den Anhang zu diesem Kapitel.) Es ist aber zweckmäßig, an Stelle der Thetafunktion die JACOBISchen elliptischen Funktionen einzuführen. Gemäß Gl. (II, 5) ist dann die Potentialfunktion u des elektrostatischen Feldes, wenn noch eine Verschiebung des Koordinatensystems um den Betrag b parallel der negativen x-Achse vorgenommen wird.

$$u\,(x,y) = 2q\,G = 2q\ln\left|\frac{\operatorname{sn}\left(\dfrac{K}{a}\,z,\,k\right) - \operatorname{sn}\left(\dfrac{K}{a}\,\overline{z'},k\right)}{\operatorname{sn}\left(\dfrac{K}{a}\,z,\,k\right) - \operatorname{sn}\left(\dfrac{K}{a}\,z',k\right)}\right|,\qquad (24)$$

wobei der Modul k sich aus der transzendenten Gleichung $\dfrac{a}{b} = \dfrac{2K}{K'}$ ergibt.

$\overline{z'}$ bedeutet den konjugiert komplexen Wert von z'. Durch Gl. (24) ist also das gesuchte Potential in einem beliebigen Aufpunkt $z = x + i\,y$ bestimmt. Für die Berechnung der Kapazität dieser Leiteranordnung ist es notwendig, den Wert des Potentials u an der Oberfläche des Innenleiters zu berechnen. Die Oberfläche des Innenleiters ist gegeben durch:

$$z = z' + \varrho_0\,e^{i\varphi}.$$

Es wird also gemäß Gl. (24):

$$u_0 = 2q\ln\left|\frac{\operatorname{sn}\left[\dfrac{K}{a}\left(z' + \varrho_0\,e^{i\varphi}\right)\right] - \operatorname{sn}\left(\dfrac{K}{a}\,\overline{z'}\right)}{\operatorname{sn}\left[\dfrac{K}{a}\left(z' + \varrho_0\,e^{i\varphi}\right)\right] - \operatorname{sn}\left(\dfrac{K}{a}\,z'\right)}\right|.$$

Entwickelt man $\operatorname{sn}\left(\dfrac{K}{a}\,z' + \dfrac{K}{a}\,\varrho_0\,e^{i\varphi}\right)$ nach dem TAYLORSchen Satz, so folgt:

$$\operatorname{sn}\left(\frac{K}{a}\,z' + \frac{K}{a}\,\varrho_0\,e^{i\varphi}\right) = \operatorname{sn}\left(\frac{K}{a}\,z'\right) + \frac{K}{a}\,\varrho_0\,e^{i\varphi}\cdot\operatorname{sn}'\left(\frac{K}{a}\,z'\right) + \cdots$$

und damit

$$u_0 = 2q\ln\left|\frac{\operatorname{sn}\left(\dfrac{K}{a}\,z'\right) - \operatorname{sn}\left(\dfrac{K}{a}\,\overline{z'}\right) + \dfrac{K}{a}\,\varrho_0\,e^{i\varphi}\operatorname{sn}'\left(\dfrac{K}{a}\,z'\right) + \cdots}{\dfrac{K}{a}\,\varrho_0\,e^{i\varphi}\operatorname{sn}'\left(\dfrac{K}{a}\,z'\right) + \cdots}\right|.$$

Nun ist aber gemäß Gl. (I, 30) $\operatorname{sn}'\left(\dfrac{K}{a}\,z'\right) = \operatorname{cn}\left(\dfrac{K}{a}\,z'\right)\operatorname{dn}\left(\dfrac{K}{a}\,z'\right)$.

Vernachlässigt man, da $\varrho_0 \ll a$ vorausgesetzt, im Zähler das Glied, das mit ϱ_0/a multipliziert ist, so folgt

$$u_0 = 2q\ln\left|\frac{\operatorname{sn}\left(\dfrac{K}{a}\,z'\right) - \operatorname{sn}\left(\dfrac{K}{a}\,\overline{z'}\right)}{\dfrac{K}{a}\,\varrho_0\,e^{i\varphi}\operatorname{cn}\left(\dfrac{K}{a}\,z'\right)\operatorname{dn}\left(\dfrac{K}{a}\,z'\right)}\right|.$$

Da aber $\operatorname{sn}\left(\dfrac{K}{a}z'\right)-\operatorname{sn}\left(\dfrac{K}{a}\overline{z'}\right)=2\,i\,\operatorname{Im}\operatorname{sn}\left(\dfrac{K}{a}z'\right)$, so wird

$$u_0 = 2q \ln \left| \frac{2\operatorname{Im}\operatorname{sn}\left(\dfrac{K}{a}z'\right)}{K\dfrac{\varrho_0}{a}\operatorname{cn}\left(\dfrac{K}{a}z'\right)\operatorname{dn}\left(\dfrac{K}{a}z'\right)} \right|$$

das Potential an der Oberfläche des Innenleiters. Es stellt dann

$$C = \frac{q}{u_0} = \cfrac{1}{2\ln\left|\cfrac{2\operatorname{Im}\operatorname{sn}\left(\dfrac{K}{a}z'\right)}{K\dfrac{\varrho_0}{a}\operatorname{cn}\left(\dfrac{K}{a}z'\right)\operatorname{dn}\left(\dfrac{K}{a}z'\right)}\right|} \tag{25}$$

die Kapazität des Leiters pro Längeneinheit dar. Der Wellenwiderstand der Leiteranordnung wird dann

$$Z = \frac{30}{C} = 60 \ln \left| \frac{2}{K}\frac{a}{\varrho_0}\frac{\operatorname{Im}\operatorname{sn}\left(\dfrac{K}{a}z'\right)}{\operatorname{cn}\left(\dfrac{K}{a}z'\right)\operatorname{dn}\left(\dfrac{K}{a}z'\right)} \right| \tag{26}$$

Hierbei ist wieder Z in Ohm gemessen, wenn Kapazitäten und Längen in ein und derselben Einheit gemessen werden. Der Modul k der elliptischen Funktionen bestimmt sich aus $\dfrac{a}{b}=2\,\dfrac{K(k)}{K'(k)}$.

Spezialfall.

Für den Spezialfall $a=b$, $z'=i\,b=i\,a$ sollen die Verhältnisse genauer diskutiert werden. Diese Anordnung entspricht einer Doppelleitung, deren Außenleiter quadratischen Querschnitt besitzt und deren Innenleiter genau in der Achse des Außenleiters verläuft. Es folgt demnach aus der Gl. (26) für den Wellenwiderstand dieser Leiteranordnung

$$Z = 60 \ln \left| \frac{2}{K}\frac{a}{\varrho_0}\frac{\operatorname{Im}\operatorname{sn}(i\,K)}{\operatorname{cn}(i\,K)\operatorname{dn}(i\,K)} \right| .$$

Die Bedingungsgleichung zur Berechnung des Moduls k lautet hier wegen $a=b$

$$\frac{a}{b}=1=\frac{2K}{K'} \quad \text{oder} \quad K'=2K;\quad \text{also, nach Gl. (I, 8)}$$

$$k = \frac{1-\dfrac{1}{2}\sqrt{2}}{1+\dfrac{1}{2}\sqrt{2}} = \tan^2\frac{\pi}{8} .$$

Es wird also wegen $K=K'/2$ unter Anwendung der Tabelle (I) aus Kap. I:

$$\operatorname{sn}(i\,K,\,k) = \operatorname{sn}\left(i\,\frac{K'}{2},\,k\right) = \frac{i}{\sqrt{k}}$$

$$\operatorname{cn}(i\,K,\,k) = \operatorname{cn}\left(i\,\frac{K'}{2},\,k\right) = \sqrt{\frac{1+k}{k}}$$

$$\operatorname{dn}(i\,K,\,k) = \operatorname{dn}\left(i\,\frac{K'}{2},\,k\right) = \sqrt{1+k} .$$

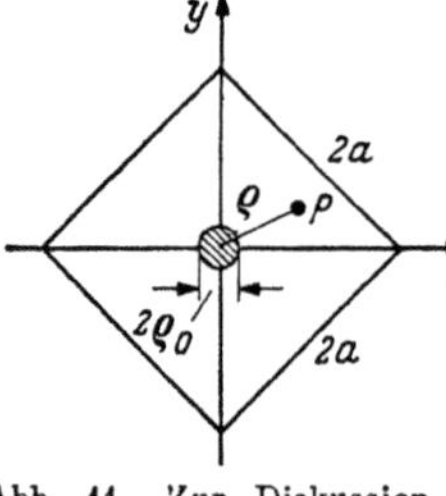

Abb. 43. Dünner Draht im Mittelpunkt eines Zylinders von quadratischem Querschnitt.

Es wird somit

$$Z = 60 \ln \left(\frac{2}{K} \frac{a}{\varrho_0} \frac{1}{1+k} \right) \Omega,$$

und mit

$$k = \tan^2 \frac{\pi}{8}$$

ergibt sich

$$Z = 60 \ln \left(1{,}08 \, \frac{a}{\varrho_0} \right) \Omega. \tag{27}$$

Die das Feld bestimmende komplexe Funktion w wird für den hier betrachteten Spezialfall gemäß Gl. (24)

$$w = u + i\,v = 2q \ln \left[\frac{\operatorname{sn}\left(\frac{K}{a} z, k \right) + \operatorname{sn}\,(i\,K\,,\,k)}{\operatorname{sn}\left(\frac{K}{a} z, k \right) - \operatorname{sn}\,(i\,K\,,\,k)} \right]$$

und wegen $K = K'/2$

$$w = 2q \ln \left[\frac{\operatorname{sn}\left(\frac{K}{a} z, k \right) + \dfrac{i}{\sqrt{k}}}{\operatorname{sn}\left(\frac{K}{a} z, k \right) - \dfrac{i}{\sqrt{k}}} \right]. \tag{28}$$

Potentialfunktion u und Kraftlinienfunktion v sind mit dieser Gleichung für jeden beliebigen Aufpunkt im Inneren des Außenleiters bekannt, so daß das Problem vollständig gelöst ist. Aus (28) kann das System der Niveaulinien $\operatorname{Re} w =$ konstant bzw. das der Kraftlinien $\operatorname{Im} w =$ konstant numerisch berechnet werden.

Gültigkeitsbereich der Formel (27).

Die Formel (27) für den Wellenwiderstand ist abgeleitet unter der Voraussetzung $\varrho_0 \ll a$. Sie stimmt um so besser, je besser diese Bedingung erfüllt ist und gibt im $\lim \varrho_0 \to 0$ den exakten Wert. Um zu untersuchen, von welchem Wert ϱ_0 ab die Formel (27) zu größeren

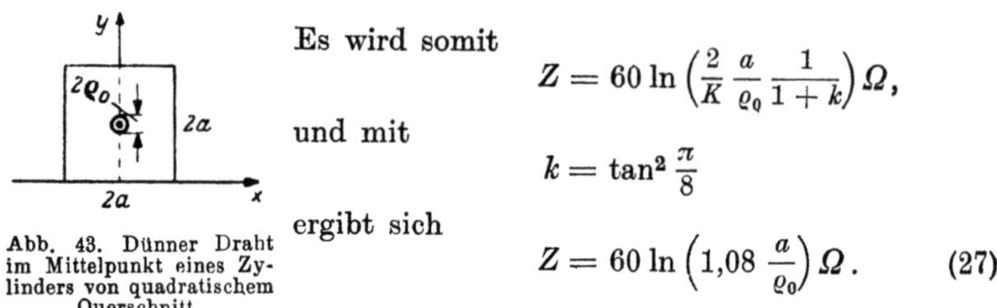

Abb. 44. Zur Diskussion von Gl. (III, 27).

Abweichungen von der Wirklichkeit führt, wird nunmehr das Potentialfeld, das durch den Realteil von Gl. (28) bestimmt ist, etwas näher untersucht.

Zunächst wird eine Koordinatentransformation $z = Z e^{i \frac{\pi}{4}} + i\,a$ der z-Ebene auf eine $Z = X + i\,Y$-Ebene vorgenommen. Dies bedeutet eine Parallelverschiebung in Richtung der negativen y-Achse mit anschließender Drehung des Koordinatensystems um den Winkel 45° im positiven Sinne. Das in Abb. 43 dargestellte in der z-Ebene liegende Quadrat geht nunmehr (s. Abb. 44) in ein kongruentes in der Z-Ebene liegendes über, dessen Mittelpunkt mit dem Nullpunkt und dessen Diagonalen mit den Koordinatenachsen der Z-Ebene zusammenfallen.

Anstatt nun in Gl. (28) durch die Substitution $z = Z e^{i\pi/4} + i\,a$ eine neue unabhängige Variable Z einzuführen, ist es zweckmäßig, von der nach Gl. (23) gemachten Bemerkung auszugehen, daß sicher $u = \mathrm{Re}\,w$ aus Gl. (28) bis auf den Faktor $2q$ die GREENsche Funktion des Quadrates mit dem Quellpunkt im Nullpunkt ist. Diese ist nun für ein Quadrat, dessen Ecken auf den Koordinatenachsen liegen, in Kapitel II, § 3 berechnet worden, und somit wird nach Gl. (II, 21) die Potentialfunktion u im vorliegenden Falle:

$$u = -\,2q \ln \left| \frac{1}{\sqrt{2}} \frac{\operatorname{sn} \dfrac{K}{a\sqrt{2}} (X + iY)}{\operatorname{dn} \dfrac{K}{a\sqrt{2}} (X + iY)} \right|. \tag{29}$$

Hierbei besitzt jetzt der Modul von K sowie der Funktionen sn und dn den Wert $\sqrt{2}\,/2$ und wird von nun an mit k bezeichnet. Werden für den Aufpunkt P Polarkoordinaten eingeführt durch $X + iY = \varrho\,e^{i\varphi}$, so wird

$$u = -\,2q \ln \left| \frac{1}{\sqrt{2}} \frac{\operatorname{sn}\left(\dfrac{K}{\sqrt{2}} \dfrac{\varrho}{a} e^{i\varphi} \right)}{\operatorname{dn}\left(\dfrac{K}{\sqrt{2}} \dfrac{\varrho}{a} e^{i\varphi} \right)} \right|. \tag{30}$$

Aus den Formeln (I, 29) für die Potenzreihenentwicklung von $\operatorname{sn} u$ und $\operatorname{dn} u$ folgt:

$$\frac{\operatorname{sn} u}{\operatorname{dn} u} = u + (2k^2 - 1)\frac{u^3}{3!} + (16k^4 - 16k^2 + 1)\frac{u^5}{5!} + \cdots$$

und für den hier in Frage kommenden Modul $k = \sqrt{2}\,/2$

$$\frac{\operatorname{sn}\left(u, \tfrac{1}{2}\sqrt{2} \right)}{\operatorname{dn}\left(u, \tfrac{1}{2}\sqrt{2} \right)} = u\left(1 - \frac{3}{5!} u^4 + \cdots \text{Glieder 8. und höheren Grades} \right);$$

es folgt also aus (30) mit dieser Entwicklung

$$u = -\,2q \ln \left\{ \left(\frac{K}{2} \frac{\varrho}{a} \right) \left| e^{i\varrho} \right| \left| 1 - \frac{3}{5!} \left(\frac{K}{\sqrt{2}} \frac{\varrho}{a} \right)^4 e^{i4\varphi} + \cdots \right| \right\}.$$

Rechnet man hier den absoluten Betrag aus, so gilt:

$$u = -\,2q \ln \left[\frac{K}{2} \frac{\varrho}{a} \sqrt{1 - 2\frac{3}{5!} \left(\frac{K}{\sqrt{2}} \frac{\varrho}{a} \right)^4 \cos 4\varphi + \frac{3}{5!} \left(\frac{K}{\sqrt{2}} \frac{\varrho}{a} \right)^8 + \cdots} \right] \tag{31}$$

Dies ist also die Potenzreihenentwicklung der Potentialfunktion (30). Für nicht zu nahe an Eins gelegene Werte von ϱ/a ist die Wurzel näherungsweise gleich

$$\sqrt{1 - 2\frac{3}{5!} \left(\frac{K}{\sqrt{2}} \frac{\varrho}{a} \right)^4 \cos 4\varphi} \sim 1 - \frac{3}{5!} \left(\frac{K}{\sqrt{2}} \frac{\varrho}{a} \right)^4 \cos 4\varphi$$

und
$$u \sim -2q \ln\left[\frac{K}{2}\frac{\varrho}{a}\left(1 - \frac{3}{5!}\left(\frac{K}{\sqrt{2}}\frac{\varrho}{a}\right)^4 \cos 4\varphi\right)\right]$$

für nicht zu nahe an Eins gelegene Werte ϱ/a. So ist z. B. der Wert des Potentials entlang eines Kreises vom Radius $\varrho = a/2$

$$(u)_{\varrho=\frac{a}{2}} = -2q \ln K\,(1 - 0{,}00455 \cos 4\varphi). \tag{32}$$

Dieser Wert weicht aber nur sehr wenig von dem konstanten Wert $-2q \ln K$ ab. Wir haben also das Resultat: Die Niveaulinien eines elektrostatischen Feldes, das durch einen in der Achse eines leitenden Zylinders mit quadratischem Querschnitt verlaufenden (unendlich) dünnen geladenen Draht erzeugt wird, sind bis zu Entfernungen ϱ des Aufpunktes von der Drahtachse, die ein Viertel der Seitenlänge des Querschnittes des Außenleiters betragen, praktisch kreisförmig. Die ursprünglich für einen unendlich dünnen Draht abgeleitete Formel (27) für den Wellenwiderstand bleibt also selbst bis zu Werten $\varrho = a/2$ gültig. Wie aus Gl. (32) ersichtlich ist, sind die Abweichungen der Niveaulinien von der Kreisform am größten für $\varphi = 0°$ und $\varphi = \pi/4$. Bezeichnet man mit $\varDelta\varrho/\varrho$ die prozentuale Abweichung von der Kreisform, so ist diese für verschiedene Größenverhältnisse a/ϱ in der folgenden Tabelle dargestellt.

$\dfrac{a}{\varrho} =$	2,0		2,5		3,0		3,5		4	
	$\varphi = 0$	$\varphi = \dfrac{\pi}{4}$	0	$\dfrac{\pi}{4}$	0	$\dfrac{\pi}{4}$	0	$\dfrac{\pi}{4}$	0	$\dfrac{\pi}{4}$
$\dfrac{\varDelta\varrho}{\varrho}$	0,0048	—0,0045	0,0019	—0,0019	0,0009	—0,0009	0,0005	—0,0005	0,0003	—0,0003

Anhang.

Drahtförmiger Innenleiter im Aussenleiter von beliebigem Querschnitt.

Besteht der Innenleiter aus einem dünnen geraden Draht vom Radius ϱ_0 mit der Ladung q pro Längeneinheit, der geerdete Außenleiter aus einem geraden Zylinder mit dem Querschnitt $\mathfrak{B}$, so läßt sich das elektrostatische Feld dieser Leiteranordnung mit Hilfe der GREENschen Funktion des Bereiches $\mathfrak{B}$ folgendermaßen bestimmen.

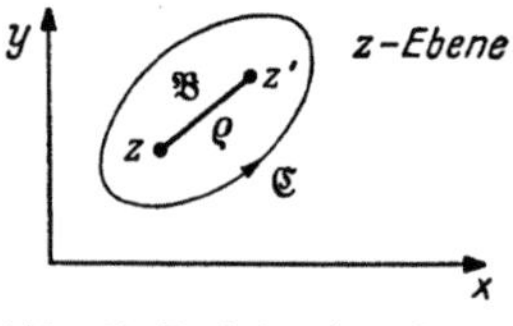

Abb. 45. Drahtförmiger Innenleiter in beliebigem Außenleiter.

Bedeutet $z' = x' + i\,y'$ den Spurpunkt des Innenleiters und $z = x + i\,y$ einen Aufpunkt in der komplexen z-Ebene, so muß die Potentialfunktion $u\,(x, y)$ folgende Bedingungen erfüllen:

1. Sie genügt in $\mathfrak{B}$ der Potentialgleichung.

2. Auf dem Rande $\mathfrak{C}$ von $\mathfrak{B}$ nimmt sie den Wert Null an.

3. Bei Annäherung an die Quellinie verhält sie sich nach Gl. (III, 18) wie $-2q \ln \varrho = 2q \ln (1/\varrho)$ (wenn ϱ den Abstand des Aufpunktes z von der Quellinie bedeutet), während sie sonst in $\mathfrak{B}$ regulär ist. Nach der Definition der GREENschen Funktion G (siehe Kapitel II) ist dann die gesuchte Potentialfunktion: $u = 2q\,G$ oder mittels Gl. (II, 4):

$$u = 2q \ln \left| \frac{1 - f(z')\,f(z)}{f(z) - f(z')} \right| . \tag{33}$$

u ist also bekannt, wenn eine Abbildungsfunktion $w = f(z)$ des Querschnittes $\mathfrak{B}$ des Außenleiters in der z-Ebene auf den Einheitskreis der w-Ebene bekannt ist.

Für das Potential an der Oberfläche $\varrho = \varrho_0$ des Innenleiters folgt dann mit $z = z' + \varrho\,e^{i\varphi}$ aus Gl. (33) nach einer leichten Zwischenrechnung

$$u_0 = 2q \ln \left| \frac{1 - |f(z')|^2}{f'(z')\,\varrho_0} \right| .$$

Die Kapazität der Leiteranordnung pro Längeneinheit ist dann

$$C = \frac{q}{u_0} = \frac{1}{2\ln \left| \dfrac{1 - |f(z')|^2}{f'(z')\,\varrho_0} \right|} , \tag{34}$$

wenn $f(z')$ bzw. $f'(z')$ den Wert der Abbildungsfunktion $w = f(z)$ bzw. deren erster Ableitung an dem Ort z' der Quellinie bedeutet.

Literatur zum vorstehenden Paragraphen.

HERBERT, C. M.: Some applications of the method of Images II. Phys. Rev. **17**, 157 (1921).

KNIGHT, R. C. and W. B. MULLEN: The Potential of a screen of cylinder wires between two conducting planes. Phil. Mag. **24**, 35 (1937).

JENNS, H.: Kapazitätsberechnung für einen geraden Draht im quadratischen Zylinder. Arch. Elektrotechn. **42**, 317 (1930).

KUNZ, J. and P. L. BAYLEY: Some applications of the method of Images. Phys. Rev. **17**, 147 (1921).

NOETHER, F.: Über eine Aufgabe der Kapazitätsberechnung. Wiss. Veröff. Siemens-Werk **2**, 198 (1922).

— Das stationäre (und quasistationäre) elektromagnetische Feld... In FRANK-MISES, Differentialgleichungen der Physik Bd. 2, 649.

Viertes Kapitel.

Anwendungen in Hydro- und Aerodynamik.

§ 1. Bewegungen von Wirbelsystemen.

Wie in der Theorie der Hydrodynamik gezeigt wird, können die Geschwindigkeitskomponenten der stationären Strömung einer reibungslosen inkompressiblen Flüssigkeit durch Differentiation einer der Laplaceschen Differentialgleichung genügenden Ortsfunktion u (des Geschwindigkeitspotentials) nach den Koordinaten des Aufpunktes erhalten werden. Ist insbesondere die Strömung zweidimensional, d. h. z. B. nur von den rechtwinkligen Koordinaten x und y abhängig, so stellt die zum Geschwindigkeitspotential $u\,(x, y)$ konjugierte Funktion $v\,(x, y)$ die sogenannte Stromfunktion dar. Die Kurven $u\,(x, y) =$ konstant stellen die Niveaulinien, diejenigen $v\,(x, y) =$ konstant die Stromlinien der betrachteten Strömung dar. Analog den Ausführungen in der Einleitung zu Kapitel III stellt jede beliebige analytische Funktion $w = u + i\,v = f(z)$ mit $z = x + i\,y$ einen möglichen Strömungsvorgang dar. Die Geschwindigkeitskomponenten der Flüssigkeitsströmung sind dann

$$U = -\frac{\partial u}{\partial x}\,; \qquad V = -\frac{\partial u}{\partial y}\,. \tag{1}$$

Da aber gemäß den CAUCHY-RIEMANNschen Differentialgleichungen

$$-\frac{\partial u}{\partial y} = \frac{\partial v}{\partial x} \qquad \text{und} \qquad \frac{dw}{dz} = \frac{\partial u}{\partial x} + i\,\frac{\partial v}{\partial x}$$

ist, so ist

$$-\frac{dw}{dz} = U - i\,V\,. \tag{2}$$

Wirbelfaden.

Für einen unendlich langen geraden auf der xy-Ebene senkrecht stehenden Stabwirbel der Wirbelstärke Γ ist die das Strömungsfeld charakterisierende Funktion w:

$$w = i\,\frac{\Gamma}{2\pi}\ln z = -\frac{\Gamma}{2\pi}\operatorname{arc\,tan}\left(\frac{y}{x}\right) + i\,\frac{\Gamma}{2\pi}\ln\sqrt{x^2 + y^2}\,. \tag{3}$$

Mithin ist die Potentialfunktion

$$u\,(x, y) = -\frac{\Gamma}{2\pi}\operatorname{arc\,tan}\left(\frac{y}{x}\right)$$

und die Stromfunktion

$$v\,(x, y) = \frac{\Gamma}{2\pi}\ln\sqrt{x^2 + y^2}\,.$$

Die Niveaulinien $u\,(x,\,y) = $ konstant stellen gerade Linien durch den Nullpunkt, die Stromlinien $v\,(x,\,y) = $ konstant konzentrische Kreise um den Nullpunkt dar. Die Geschwindigkeitskomponenten sind

$$U = -\frac{\partial u}{\partial x} = -\frac{\Gamma}{2\pi}\,\frac{y}{x^2 + y^2}$$

$$V = -\frac{\partial u}{\partial y} = \frac{\Gamma}{2\pi}\,\frac{x}{x^2 + y^2}\;.$$

Durch (3) wird also das Strömungsfeld eines im positiven, d. h. im gegensinne des Uhrzeigers sich drehenden Wirbels vermittelt. Der Vergleich mit (III, 17) zeigt die Analogie mit der Feldfunktion der elektrostatischen Quellinie.

a) *Äquidistante Wirbelreihe zwischen zwei ebenen Wänden.*

Zur Berechnung des Strömungsfeldes, das durch eine unendliche Reihe paralleler äquidistanter im positiven Sinne drehender Stabwirbel zwischen zwei starren ebenen Wänden erzeugt wird, kann man genau so vorgehen wie in Kapitel III, § 2a. Die Grenzbedingung, die hier erfüllt sein muß, nämlich das Verschwinden der zu den beiden Begrenzungsebenen senkrechten Geschwindigkeitskomponenten, kann wieder erfüllt werden, indem die Wirbelreihe fortgesetzt an den Begrenzungsebenen gespiegelt wird unter Berücksichtigung der Vorzeichenumkehr bei jedem einzelnen Spiegelungsprozeß. Hat jeder der Wirbel die Wirbelstärke Γ, so ist die Feldfunktion der Strömung analog Gl. (III, 21)

$$w = i\,\frac{\Gamma}{2\pi}\,\ln\frac{\vartheta_1\!\left(\dfrac{z-a}{4h}\right)}{\vartheta_1\!\left(\dfrac{z-2h+a}{4h}\right)}\,,$$

wobei der Parameter τ der Thetafunktion den Wert $i\,\dfrac{L}{4h}$ besitzt. Dabei ist a der Abstand der die Wirbelreihe enthaltenden Ebene von der Mittelebene, L der Abstand zweier benachbarter Wirbel und $2\,h$ der Abstand der beiden Ebenen. Die Geschwindigkeitskomponenten U bzw. V in einem Aufpunkt $z = x + i\,y$ sind gemäß Gl. (3) gegeben durch:

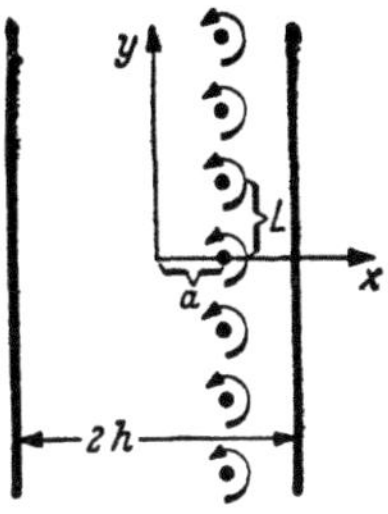

Abb. 46. Äquidistante Wirbelreihe zwischen zwei ebenen Wänden.

$$-\frac{dw}{dz} = -i\,\frac{\Gamma}{2\pi}\left\{\zeta(z-a) - \zeta(z-2h+a) + \frac{\eta_1}{2h}\,(z-2h+a) - \frac{\eta_1}{2h}\,(z-a)\right\},$$

wenn gemäß Gl. (I, 65) die Weierstrasssche Zetafunktion eingeführt wird. Die Elementarperioden sind $2\,\omega = 4\,h$ und $2\,\omega' = i\,L$. Will man die Geschwindigkeitskomponenten berechnen, die einem jeden der Wirbel, z. B. dem die reelle Achse durchstoßenden, von den übrigen mitgeteilt werden, so hat man aus der vorstehenden Gleichung das

Geschwindigkeitsfeld, das dieser Wirbel erzeugt, zu subtrahieren. Dieses ist aber wegen $w_1 = i\,\dfrac{\Gamma}{2\pi}\ln(z-a)$

$$-\frac{dw_1}{dz} = i\,\frac{\Gamma}{2\pi}\,\frac{1}{z-a}.$$

Mithin sind also die dem betrachteten Wirbel von den restlichen Wirbeln mitgeteilten Geschwindigkeiten gegeben durch:

$$-\left[\frac{dw}{dz}-\frac{dw_1}{dz}\right]_{z=a}$$

$$= -i\,\frac{\Gamma}{2\pi}\left\{\lim_{z=a}\left[\zeta(z-a)-\frac{1}{z-a}\right] - \zeta(2a-2h) + \frac{\eta_1}{h}(a-h).\right\}$$

Aus der LAURENT-Entwicklung Gl. (I, 60) für $\zeta(u)$ folgt aber:

$$\lim_{z=a}\left[\,[\,\zeta(z-a)-\frac{1}{z-a}\right] = 0.$$

Mithin wird endgültig:

$$-\left[\frac{dw}{dz}-\frac{dw_1}{dz}\right]_{z=a} = \overline{U}-i\,\overline{V} = i\,\frac{\Gamma}{2\pi}\left[\zeta(2a-2h)-\frac{\eta_1}{h}(a-h)\right]$$

und somit

$$\overline{U} = 0$$

$$\overline{V} = \frac{\Gamma}{2\pi}\left[\zeta(2h-2a)-\frac{\eta_1}{h}(h-a)\right]\quad\text{mit } \eta_1 = \zeta(2h).$$

Die gesamte Wirbelreihe bewegt sich also mit der Geschwindigkeit $\overline{V}$ parallel der y-Achse. Für $a=0$ folgt

$$\overline{U} = 0;\quad \overline{V} = \frac{\Gamma}{2\pi}\left[\zeta(2h)-\eta_1\right].$$

Da aber $2\omega = 4h$, so ist $\zeta(2h) = \zeta(\omega) = \eta_1$ und somit $\overline{U} = \overline{V} = 0$. Für den Fall, daß sich die Wirbelreihe in der Symmetrieebene befindet, ist die Translationsgeschwindigkeit Null.

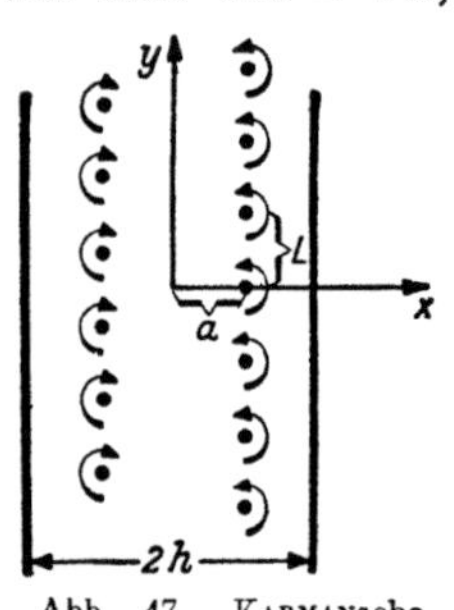

Abb. 47.   KARMANsche Wirbelstraße.

b) *Die KARMANsche Wirbelstraße in einem Kanal von endlicher Breite.*

Wird das vorhergehend behandelte Beispiel dahingehend abgeändert, daß zu der Wirbelreihe noch eine zweite parallele, symmetrisch zur Mittelebene angeordnete, um den Betrag $L/2$ in Richtung der y-Achse verschobene mit entgegengesetztem Drehsinn hinzugenommen wird, so erhält man den Strömungsvorgang einer Wirbelstraße in einem Kanal der Breite $2h$. Das Spiegelungsverfahren liefert hier sofort für die

Feldfunktion:

$$w = \frac{i\,\Gamma}{2\,\pi} \left\{ \ln \frac{\vartheta_1\left(\dfrac{z-a}{4h}\right)}{\vartheta_1\left(\dfrac{z-2h+a}{4h}\right)} - \ln \frac{\vartheta_1\left(\dfrac{z+a-i\frac{L}{2}}{4h}\right)}{\vartheta_1\left(\dfrac{z+2h-a-i\frac{L}{2}}{4h}\right)} \right\}.$$

Die Geschwindigkeitskomponenten U und V in einem beliebigen Aufpunkt $z = x + i\,y$ bestimmen sich aus

$$U - i\,V = -\frac{dw}{dz} = -i\,\frac{\Gamma}{2\,\pi} \left\{ \zeta(z-a) - \frac{\eta_1}{2h}(z-a) - \zeta(z-2h+a) \right.$$
$$+ \frac{\eta_1}{2h}(z-2h+a) - \zeta\left(z+a-i\frac{L}{2}\right) + \frac{\eta_1}{2h}\left((z+a-i\frac{L}{2}\right)$$
$$\left. + \zeta\left(z+2h-a-i\frac{L}{2}\right) - \frac{\eta_1}{2h}\left(z+2h-a-i\frac{L}{2}\right) \right\}.$$

Zum Zwecke der Berechnung der an jedem einzelnen Wirbelfaden von den übrigen induzierten Geschwindigkeitskomponenten ist in der vorstehenden Gleichung wieder der Anteil des betrachteten Wirbelfadens herauszunehmen. Betrachtet man z. B. den die x-Achse bei $x = a$ durchstoßenden Wirbelfaden, so ist für diesen

$$-\frac{dw_1}{dz} = -i\,\frac{\Gamma}{2\,\pi}\,\frac{1}{z-a}\,.$$

Es ergibt sich somit für die Geschwindigkeitskomponenten, die diesem Wirbelfaden von den restlichen mitgeteilt wird,

$$\overline{U} - i\,\overline{V} = -\left[\frac{dw}{dz} - \frac{dw_1}{dz}\right]_{z=a} = -i\,\frac{\Gamma}{2\,\pi}\left\{-\zeta(2a-2h) - 2\eta_1 + 2\eta_1\frac{a}{h}\right.$$
$$\left. - \zeta\left(2a-i\frac{L}{2}\right) + \zeta\left(2h-i\frac{L}{2}\right)\right\}.$$

Die Elementarperioden sind hierbei $2\omega = 4h$, $2\omega' = i\,L$. Unter Beachtung des Additionstheorems (I, 64) für die ζ-Funktion sowie der Beziehungen

$$\zeta(2h) = \zeta(\omega) = \eta_1 \qquad \wp\left(i\frac{L}{2}\right) = \wp(\omega') = e_3$$
$$\zeta\left(i\frac{L}{2}\right) = \zeta(\omega') = \eta_2 \qquad \wp'(2h) = \wp'(\omega) = 0$$
$$\wp(2h) = \wp(\omega) = e_1 \qquad \wp'\left(i\frac{L}{2}\right) = \wp'(\omega') = 0,$$

sowie $\qquad \zeta'(u) = -\wp(u)$

folgt für die induzierten Geschwindigkeitskomponenten:

$$\overline{U} = 0; \quad \overline{V} = -\frac{\Gamma}{2\,\pi}\left\{2\,\zeta(2a) - 2\,\eta_1\frac{a}{h} + \frac{1}{2}\frac{\wp'(2a)}{\wp(2a)-e_1} + \frac{1}{2}\frac{\wp'(2a)}{\wp(2a)-e_3}\right\}.$$

Das gesamte Wirbelsystem führt also eine Translationsbewegung parallel der y-Achse aus mit einer Geschwindigkeit $\overline{V}$, die durch die obenstehende Gleichung gegeben ist. Wächst die Breite $2h$ des Kanals über alle Grenzen, wird also $2h = \omega = \infty$, so folgt aus der obenstehenden Gleichung mittels der auf S. 31 angegebenen Beziehungen für den Fall der Ausartung der elliptischen Funktionen

$$\overline{U} = 0$$

$$\overline{V} = -\frac{\Gamma}{2L}\tanh\left(\pi\,\frac{2a}{L}\right).$$

c) *Wirbelfaden im Becken von rechteckigem Querschnitt.*

Für einen Stabwirbel der Wirbelstärke Γ in einem Becken von rechteckigem Querschnitt ergibt sich die Feldfunktion [s. Gl. (III, 23) oder (II, 8)] zu:

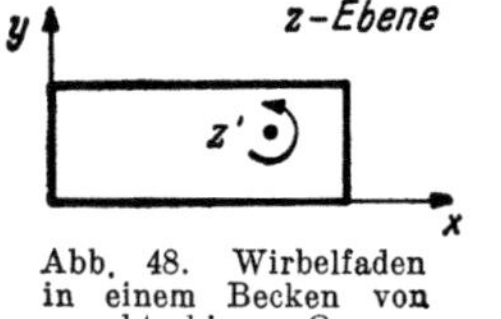

Abb. 48. Wirbelfaden in einem Becken von rechteckigem Querschnitt. Seitenlängen 2a, 2b.

$$w = -i\frac{\Gamma}{2\pi}\ln\frac{\vartheta_1\left(\dfrac{z+\overline{z'}}{4a}\right)\vartheta_1\left(\dfrac{z-\overline{z'}}{4a}\right)}{\vartheta_1\left(\dfrac{z+z'}{4a}\right)\vartheta_1\left(\dfrac{z-z'}{4a}\right)}$$

mit $2\omega = 4a;\ 2\omega' = i\,4b.$

Dabei bedeutet $\overline{z'}$ den konjugiert komplexen Wert von $z' = x' + iy'$, des Spurpunktes des Wirbels in der z-Ebene. Für die Geschwindigkeitskomponenten in einem Aufpunkt $z = x + i\,y$ folgt:

$$U - i\,V = -\frac{dw}{dz} = i\frac{\Gamma}{2\pi}\Big\{\zeta(z+\overline{z'}) - \frac{\eta_1}{2a}(z+\overline{z'}) + \zeta(z-\overline{z'}) - \frac{\eta_1}{2a}(z-\overline{z'})$$

$$-\zeta(z+z') + \frac{\eta_1}{2a}(z+z') - \zeta(z-z') + \frac{\eta_1}{2a}(z-z')\Big\}.$$

Die Geschwindigkeitskomponenten $\overline{U}$, $\overline{V}$, die an dem Wirbel (von den unendlich vielen Spiegelbildern) induziert werden, sind mit:

$$w_1 = i\frac{\Gamma}{2\pi}\ln(z-z').$$

gegeben durch:

$$\overline{U} - i\,\overline{V} = -\left[\frac{dw}{dz} - \frac{dw_1}{dz}\right]_{z=z'} = i\frac{\Gamma}{2\pi}\left[\zeta(2x') + \zeta(i\,2y') - \zeta(2x' + i\,2y')\right]$$

oder, da nach dem Additionstheorem

$$\zeta(2x' + i\,2y') = \zeta(2x') + \zeta(i\,2y') + \frac{1}{2}\frac{\wp'(2x') - \wp'(i\,2y')}{\wp(2x') - \wp(i\,2y')}$$

$$\overline{U} - i\,\overline{V} = -i\frac{\Gamma}{4\pi}\frac{\wp'(2x') - \wp'(i\,2y')}{\wp(2x') - \wp(i\,2y')}$$

oder, da $\wp(i\,2y')$ reell und $\wp'(i\,2y')$ rein imaginär ist

$$\overline{U} = i\frac{\Gamma}{4\pi}\frac{\wp'(i\,2y')}{\wp(2x') - \wp(i\,2y')}$$

$$\overline{V} = \frac{\Gamma}{4\pi}\frac{\wp'(2x')}{\wp(2x') - \wp(i\,2y')}.$$

Dieses sind die an dem Wirbel induzierten Geschwindigkeitskomponenten. Für $x' = a$, $y' = b$ ist wegen $\wp'(2a) = \wp'(\omega) = 0$; $\wp'(i\,2b) = \wp'(\omega') = 0$

$$\overline{U} = \overline{V} = 0.$$

D. h. der auf der Achse des Beckens rotierende Wirbelfaden führt keine Translationsbewegung aus. Die Bewegung des Wirbels im allgemeinen Falle ergibt sich durch Integration der obenstehenden Differentialgleichungen

$$\frac{dx'}{dt} = i\,\frac{\Gamma}{4\pi}\,\frac{\wp'(i\,2y')}{\wp(2x') - \wp(i\,2y')}$$

$$\frac{dy'}{dt} = \frac{\Gamma}{4\pi}\,\frac{\wp'(2x')}{\wp(2x') - \wp(i\,2y')} \cdot$$

Für $2x' = 2a + X'$ und $2y' = 2b + Y'$ mit $\dfrac{X'}{2a}, \dfrac{Y'}{2b} \ll 1$, d. h. für kleine Verrückungskomponenten X', Y' aus der Achse des Beckens folgt, wenn Glieder höherer Ordnung vernachlässigt werden,

$$\frac{dX'}{dt} = \frac{\Gamma}{\pi}\,(e_2 - e_3)\,Y': \qquad \frac{dY'}{dt} = -\frac{\Gamma}{\pi}\,(e_1 - e_2)\,X'$$

und hieraus

$$X' = A \cos(\beta_1 t + \beta_2)$$
$$Y' = B \sin(\beta_1 t + \beta_3)$$

mit $\qquad \dfrac{A}{B} = \dfrac{e_2 - e_3}{e_1 - e_2}$; $\qquad \beta_1 = \dfrac{\Gamma}{4\pi}\,\sqrt{(e_2 - e_3)(e_1 - e_2)}.$

D. h. der um ein kleines Stück aus der Achse herausgerückte Wirbelfaden beschreibt eine Ellipse. Das System der Niveau- und Stromlinien des auf der Achse des Beckens rotierenden Wirbelfadens ist identisch mit dem der Kraft- und Niveaulinien eines geladenen Drahtes in einem Zylinder von rechteckigem Querschnitt und für den speziellen Fall eines Quadrates in Kap. III, § 2b, beschrieben.

Literatur zum vorstehenden Paragraphen.

GLAUERT, H.: The Characteristics of a Karman Vortex Street in a Channel of finite Breadth. Proc. roy. Soc., Lond. **120**, 34 (1928).

JAFFÉ, G.: Über zweidimensionale Flüssigkeitsströmung zwischen parallelen ebenen Wänden. Ann. Phys., Lpz. **61**, 173 (1920).

ROSENHEAD, L.: The Karman Street of Vortices in a Channel of finite Breadth. Phil. Trans. roy. Soc. Lond. A **228**, 275 (1929).

§ 2. Theorie des Tragflügels im Windkanal von rechteckigem Querschnitt.

Das einfachste Ersatzschema eines endlich langen Tragflügels der Spannweite $2s$ besteht aus einem tragenden Wirbel von der Stärke Γ mit zwei von den Flügelspitzen nach hinten parallel ins Unendliche verlaufenden freien Wirbeln von der gleichen Wirbelstärke.

Die resultierende Strömung am Flügel setzt sich daher zusammen aus der ungestörten Geschwindigkeit W der Parallelströmung und der von den beiden freien Wirbeln induzierten Abwärtsgeschwindigkeit V_0 senkrecht zu W zusammen. Es ergibt sich somit eine resultierende Anströmgeschwindigkeit, die gegenüber der ursprünglichen Richtung um einen (kleinen) Winkel φ geneigt ist, der gegeben ist durch $\tan \varphi = V_0/W$. Der sog. induzierte Widerstand ist dann gegeben durch $W_i = A \tan \varphi$. A bedeutet hierbei den Auftrieb. Legt man also das oben beschriebene Ersatzschema zweier von den Flügelspitzen einseitig ins Unendliche verlaufenden Wirbeln der Wirbelstärke Γ zugrunde, so ist die von diesen Wirbeln induzierte Abwärtsgeschwindigkeit V_0 in einem Punkte x des Tragflügels

$$V_0 = \frac{\Gamma}{4\pi}\left(\frac{1}{s-x} + \frac{1}{s+x}\right).$$

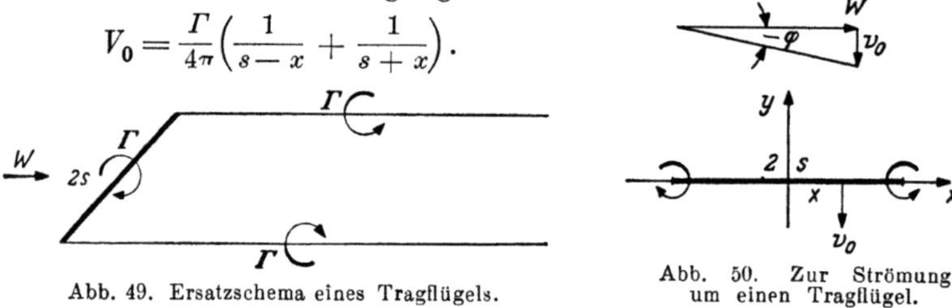

Abb. 49. Ersatzschema eines Tragflügels.

Abb. 50. Zur Strömung um einen Tragflügel.

Die Wirbelstärke Γ ist nach dem Kutta-Joukowskischen Satz mit dem Auftrieb A durch folgende Gleichung verknüpft

$$\Gamma = \frac{A}{2\varrho s W},$$

wobei ϱ die Dichte des Mediums ist. Die induzierte Abwärtsgeschwindigkeit V_0 hat in dem hier betrachteten Fall ihren kleinsten Wert in der Flügelmitte, nämlich $(V_0)_{x=0} = \dfrac{\Gamma}{2\pi s W}$ und wird an den Flügelspitzen $(x = \pm s)$ unendlich groß. In Wirklichkeit ist das hier gewählte Ersatzbild von nur zwei freien Wirbeln zu einfach. Die Zirkulation um den Tragflügel ist nämlich nicht über die Spannweite des Flügels konstant, sondern nimmt von einem maximalen Wert in der Mitte nach beiden Seiten bis zu den Enden allmählich auf Null ab. Das Wirbelsystem hinter dem Tragflügel besteht daher nicht nur aus zwei Wirbeln, sondern aus einer Wirbelschicht der Breite $2s$. Nimmt man z. B. die Zirkulationsverteilung längs der Spannweite des Tragflügels als elliptisch an, so zeigt sich, daß die induzierte Abwärtsgeschwindigkeit V_0 längs des Tragflügels konstant ist. Trotzdem soll das Ersatzbild von nur zwei freien Wirbeln beibehalten werden, um die folgenden Betrachtungen nicht unnötig zu komplizieren. Außerdem kann aus diesem Elementarfall durch Integration der Fall einer beliebigen Auftriebsverteilung gewonnen werden. Zu beachten hierbei ist, daß, wenn die Auftriebsverteilung entlang dem Tragflügel $\Gamma(x)$ ist, die Zirkulationsverteilung des hinter dem Tragflügel zurückbleibenden Wirbelbandes gleich $-\dfrac{d\Gamma}{dx}\,dx$ ist.

Nach den vorhergehenden Ausführungen ist also die Verteilung der induzierten Abwärtsgeschwindigkeit längs des Tragflügels gegeben durch:

$$V_0 = \frac{A}{8\,\pi\,\varrho\,s\,W}\left(\frac{1}{s-x}+\frac{1}{s+x}\right).$$

Ersetzt man diese Geschwindigkeit durch diejenige in der Flügelmitte, so gilt

$$(V_0)_{x=0} = \frac{A}{4\pi\,\varrho\,s^2\,W}$$

und damit:

$$\tan\varphi = \frac{V_0}{W} = \frac{A}{4\pi\,\varrho\,s^2\,W^2} = \frac{\Gamma}{2\pi\,s\,W}\cdot \tag{4}$$

Der induzierte Widerstand ist dann

$$W_i = A\cdot\tan\varphi = \frac{A^2}{4\pi\,\varrho\,s^2\,W^2}\cdot \tag{5}$$

Nach diesen Vorbereitungen wird nun angenommen, daß der Tragflügel mit der Spannweite $2s$ sich in der Symmetrieebene eines Windkanals von rechteckigem Querschnitt mit den Seitenlängen $2a$, $2b$ befindet. Gemäß dem vorhergehend angenommenen Ersatzschema kann diese Anordnung durch zwei von den Flügelspitzen A und B ausgehenden parallel der Achse des Windkanals ver-

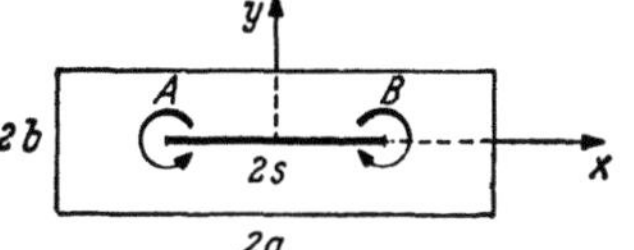

Abb. 51. Ersatzschema für einen Tragflügel in einem rechteckigen Windkanal.

laufende Wirbel von der Wirbelstärke Γ ersetzt werden. Die wiederholte Spiegelung eines jeden der beiden Wirbelfäden an den Begrenzungsebenen des Windkanals, wobei bei jedem Spiegelungsprozeß

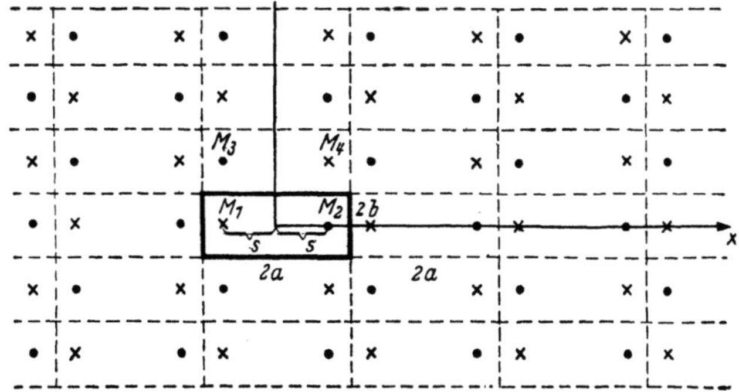

Abb. 52. Wirbelzentren mit Spiegelbildern an den Seiten eines Rechtecks.

das Vorzeichen umzukehren ist, liefert das obenstehende Bild, wenn die Wirbelfäden mit negativer Zirkulation (im Uhrzeigersinne) wieder durch ein Kreuz gekennzeichnet sind.

Es sind also ersichtlich 4 Gittersysteme zusammenzusetzen.

Ein negatives mit dem Mittelpunkt M_1, $z = -s$.
Ein positives mit dem Mittelpunkt M_2, $z = s$.
Ein positives mit dem Mittelpunkt M_3, $z = -s\,i\,2b$.
Ein negatives mit dem Mittelpunkt M_4, $z = s\,i\,2b$.

Die Periode in der horizontalen Richtung ist $2\omega = 2a$, in der vertikalen Richtung $2\omega' = i\,4b$. Nach den Ausführungen vonKap.III, § 2 und gemäß Gl. (III, 20) ist die komplexe Feldfunktion dieses Strömungsvorganges:

$$w = i\,\frac{\Gamma}{4\pi}\ln\left\{\frac{\vartheta_1\left(\frac{z-s}{2a}\right)\,\vartheta_1\left(\frac{z+s-i\,2b}{2a}\right)}{\vartheta_1\left(\frac{z+s}{2a}\right)\,\vartheta_1\left(\frac{z-s-i\,2b}{2a}\right)}\right\} \tag{6}$$

mit $2\omega = 2a$; $2\omega' = i\,4b$; $\tau = \frac{\omega'}{\omega} = i\,\frac{2b}{a}$ (Parameter der Thetafunktionen).

Da die Wirbel sich hier nur einseitig ins Unendliche erstrecken, steht hier der Faktor $\Gamma/4\pi$ an Stelle $\Gamma/2\pi$ für den beiderseits unendlich langen Wirbelfaden. Die Geschwindigkeitskomponenten des von den Wirbeln induzierten Geschwindigkeitsfeldes sind dann gegeben durch:

$$-\frac{dw}{dz} = U - i\,V = -i\,\frac{\Gamma}{4\pi}\left\{\zeta(z-s) - \frac{\eta_1}{a}(z-s) + \zeta(z+s-i\,2b)\right.$$

$$-\frac{\eta_1}{a}(z+s-i\,2b) - \zeta(z+s) + \frac{\eta_1}{a}(z+s) - \zeta(z-s-i\,2b)$$

$$\left. +\frac{\eta_1}{a}(z-s-i\,2b)\right\}$$

wenn wieder von der Beziehung Gl. (I, 65)

$$\frac{d\ln\vartheta_1\left(\frac{u}{2\omega}\right)}{du} = \zeta(u) - \frac{\eta_1}{\omega}u$$

Gebrauch gemacht ist. Es folgt weiter

$$-\frac{dw}{dz} = U - i\,V = -i\,\frac{\Gamma}{4\pi}\left\{\zeta(z-s) + \zeta(z+s-i\,2b) - \zeta(z+s)\right.$$

$$\left. - \zeta(z-s-i\,2b)\right\}.$$

Unter Benutzung des Additionstheorems Gl. (I, 64) für die ζ-Funktion sowie der Beziehungen $\wp'(i\,2b) = \wp'(\omega') = 0$; $\zeta(i\,2b) = \zeta(\omega') = \eta_2$ folgt hieraus

$$-\frac{dw}{dz} = U - i\,V = -i\,\frac{\Gamma}{8\pi}\left[\frac{\wp'(z+s)}{\wp(z+s)-e_3} - \frac{\wp'(z-s)}{\wp(z-s)-e_3}\right].$$

Für einen Punkt auf der Tragfläche ($z = x$) mit $-s \leq x \leq s$ ist dann

$$V_0 = \frac{\Gamma}{8\pi}\left[\frac{\wp'(x+s)}{\wp(x+s)-e_3} + \frac{\wp'(s-x)}{\wp(s-x)-e_3}\right]. \tag{7}$$

Dieses ist der Ausdruck für die von dem Wirbelsystem induzierte Abwärtsgeschwindigkeit. Nimmt man wieder der Einfachheit halber den Wert von V_0 in der Mitte $x = 0$ des Tragflügels, so ist

$$(V_0)_{x=0} = \frac{\Gamma}{4\pi} \frac{\wp'(s)}{\wp(s) - e_3} \cdot$$

Damit wird

$$\tan \varphi = \frac{V_0}{W} = \frac{\Gamma}{4\pi W} \frac{\wp'(s)}{\wp(s) - e_3} \cdot \tag{8}$$

Werden die Seitenlängen $2a$ und $2b$, d. h. die Perioden 2ω und $2\omega'$ unendlich groß, so wird, da für diesen Fall $\wp(s) = 1/s^2$ sowie $\varepsilon_3 = 0$:

$$\tan \varphi = -\frac{\Gamma}{2\pi W s}$$

identisch mit dem Werte in Gl. (4). Mittels Gl. (8) können Windkanal-Meßwerte auf den freien Raum umgerechnet werden. Man kann der Gl. (6) noch eine andere Form geben. Es ist nämlich

$$\vartheta_1\left(\frac{z+s-i\,2h}{2a}\right) = \vartheta_1\left(\frac{z+s}{2a} - \frac{\tau}{2}\right) = i\,\vartheta_0\left(\frac{z+s}{2a}\right) e^{i\frac{\pi}{2}\left(\frac{z+s}{a}\right)} e^{-i\frac{\pi\tau}{4}}$$

$$\vartheta_1\left(\frac{z-s-i\,2h}{2a}\right) = \vartheta_1\left(\frac{z-s}{2a} - \frac{\tau}{2}\right) = i\,\vartheta_0\left(\frac{z+s}{2a}\right) e^{i\frac{\pi}{2}\left(\frac{z-s}{a}\right)} e^{-i\frac{\pi\tau}{4}}$$

und somit wird, wenn noch der konstante Summand $\dfrac{\Gamma s}{4a}$ fortgelassen wird, unter Beachtung, daß

$$\frac{\vartheta_1(u)}{\vartheta_0(u)} = \sqrt{k}\,\operatorname{sn}(2K u)$$

ist

$$w = i\frac{\Gamma}{4\pi} \ln \frac{\operatorname{sn}\left[\dfrac{2K}{a}(z-s)\right]}{\operatorname{sn}\left[\dfrac{2K}{a}(z+s)\right]} \cdot \tag{6a}$$

Der Modul k bestimmt sich aus der transzendenten Gleichung $\dfrac{K'}{K} = 2\dfrac{b}{a}$

Mit Gl. (6a) wird aus $-\dfrac{dw}{dz} = U - iV$

$$U - iV = -i\frac{\Gamma}{4\pi}\frac{2K}{a}\left\{ \frac{\operatorname{cn}\left[\dfrac{2K}{a}(z-s)\right]\operatorname{dn}\left[\dfrac{2K}{a}(z-s)\right]}{\operatorname{sn}\left[\dfrac{2K}{a}(z-s)\right]} \right.$$

$$\left. -\frac{\operatorname{cn}\left[\dfrac{2K}{a}(z+s)\right]\operatorname{dn}\left[\dfrac{2K}{a}(z+s)\right]}{\operatorname{sn}\dfrac{2K}{a}(z+s)} \right\} \cdot$$

In der Flügelmitte $z = 0$ wird dann

$$(V_0)_{z=0} = -\frac{2K}{a}\frac{\Gamma}{2\pi}\frac{\operatorname{cn}\left(\frac{2K}{a}s\right)\operatorname{dn}\left(\frac{2K}{a}s\right)}{\operatorname{sn}\left(\frac{2K}{a}s\right)}.$$

Mithin

$$\tan\varphi = \frac{V_0}{W} = -\frac{\Gamma}{2\pi W}\frac{2K}{a}\frac{\operatorname{cn}\left(\frac{2K}{a}s\right)\operatorname{dn}\left(\frac{2K}{a}s\right)}{\operatorname{sn}\left(\frac{2K}{a}s\right)}. \qquad (8a)$$

Für $a = \infty$ ist $k = 1$ und $k' = 0$, $\dfrac{K}{a} = \dfrac{K'}{2b} = \dfrac{\pi}{4b}$ und

$$\tan\varphi = -\frac{\Gamma}{4b\,W}\frac{\operatorname{cn}\left(\frac{\pi}{2b}s\right)\operatorname{dn}\left(\frac{\pi}{2b}s\right)}{\operatorname{sn}\left(\frac{\pi}{2b}s\right)}.$$

Wird auch noch $b = \infty$, so ist $\tan\varphi = -\dfrac{\Gamma}{2\pi W\,s}$ in Übereinstimmung mit dem in (4) angegebenen Wert für den freien Raum.

Elliptische Auftriebsverteilung.

Im Falle einer elliptischen Auftriebsverteilung ist in (7) $-\dfrac{d\Gamma}{dx'}\,dx'$ an Stelle von Γ zu setzen, wo

$$\Gamma = \Gamma_0\sqrt{1 - \frac{x^2}{s^2}}$$

ist und über die halbe Tragflügellänge zu integrieren. In diesem Falle ist die induzierte Abwärtsgeschwindigkeit in einem Punkte x, wenn Gl. (7) beachtet wird, gegeben durch

$$V_0 = \frac{\Gamma_0}{8\pi}\int_0^s\frac{x'\,dx'}{\sqrt{s^2 - x'^2}}\left\{\frac{\wp\,(x' + x)}{\wp\,(x' + x) - e_3} + \frac{\wp\,(x' + x)}{\wp\,(x' - x) - e_3}\right\}$$

oder auch durch

$$V_0 = -\frac{\Gamma_0 K}{2\pi a}\int_0^s\frac{x'\,dx'}{\sqrt{s^2 - x'^2}}\frac{\operatorname{cn}\left[\frac{2K}{a}(x' - x)\right]\operatorname{dn}\left[\frac{2K}{a}(x' - x)\right]}{\operatorname{sn}\left[\frac{2K}{a}(x' + x)\right]}$$

$$+ \frac{\operatorname{cn}\left[\frac{2K}{a}(x' + x)\right]\operatorname{dn}\left[\frac{2K}{a}(x' + x)\right]}{\operatorname{sn}\left[\frac{2K}{a}(x' + x)\right]}.$$

Weiteres, insbesondere numerische Auswertungen, ist aus der am Schluß dieses Paragraphen aufgeführten Literaturübersicht zu ersehen.

Anhang.

Bemerkungen über den Windkanal von elliptischem Querschnitt:

Hat der Querschnitt des Windkanals die Form einer Ellipse mit den Halbachsen a, b und wird der Einfachheit halber wieder gleichmäßige Auftriebsverteilung längs des Tragflügels angenommen (wobei der Fall einer beliebigen Auftriebsverteilung aus diesem Elementarfall wieder durch Integration erhalten werden kann), so bietet sich als Ersatzbild das Strömungsfeld zweier Wirbelfäden, deren Spurpunkte auf der Hauptachse der Ellipse liegen, in einem Becken mit elliptischem Querschnitt dar. Die komplexe Feldfunktion w dieses Strömungsvorganges, der einem an einer beliebigen Stelle z' innerhalb des Beckens befindlichen Wirbelfaden entspricht, kann folgendermaßen gewonnen werden. Bedeutet $w = u + iv$ die komplexe Feldfunktion, so muß sowohl u als auch v der LAPLACEschen Differentialgleichung genügen. Ferner muß an der als starr vorausgesetzten Wandung die Normalkomponente der Strömungsgeschwindigkeit $\frac{\partial u}{\partial n}$ oder, was wegen der Existenz der CAUCHY-RIEMANNschen Differentialgleichungen auf dasselbe hinausläuft, die Stromfunktion v gleich Null sein. Außerdem muß v nach Gl. (3) bei Annäherung des Aufpunktes z an den Spurpunkt z' des Wirbelfadens sich verhalten wie $\frac{\Gamma}{2\pi} \ln \varrho$, wenn ϱ den Abstand des Aufpunktes z von z' bedeutet.

Unter Berücksichtigung der Definition der GREENschen Funktion G eines Bereiches (s. Kap. II, § 1) folgt sofort, daß die Stromfunktion

$$v = -\frac{\Gamma}{2\pi} G$$

ist (vgl. auch den Anhang zum III. Kapitel).

Nach Gl. (II, 14) ist aber die GREENsche Funktion für den ellipsenförmigen Bereich bekannt. Bildet man noch die zu v konjugierte Funktion u und setzt diese beiden zur komplexen Feldfunktion w zusammen und bildet man diese für den an der Stelle $z' = -s$ befindlichen negativen Wirbelfaden sowie für den an der Stelle $z' = s$ befindlichen positiven Wirbelfaden, so erhält man das Strömungsfeld für den Tragflügel der Spannweite $2s$ im Windkanal von elliptischem Querschnitt im Falle gleichförmiger Auftriebsverteilung. Es läßt sich dann genau wie in dem vorhergehenden Beispiel des Windkanals von rechteckigem Querschnitt die an einer beliebigen Stelle des Tragflügels induzierte Abwärtsgeschwindigkeit ermitteln. Es soll aber hierauf nicht im einzelnen eingegangen werden.

Von Wichtigkeit ist noch die Tatsache, daß bei Annahme einer elliptischen Auftriebsverteilung und einer Spannweite des Tragflügels, die gleich der doppelten linearen Exzentrizität der Querschnittsellipse ist $(2s = 2e)$, die induzierte Abwärtsgeschwindigkeit längs des Tragflügels konstant ist.

Literatur zum vorstehenden Paragraphen.

Glauert, H.: Interference on the characteristics of an aerofoil in a wind-tunnel of rectangular cross section. Techn. Report. Aeron. Committee (Teddington R. & M.) (1932).

Rosenhead, L.: The effect of wind tunnel interference on the characteristics of an aerofoil. Proc. roy. Soc., Lond. A **129**, 135 (1930).

— Interference due to walls of a wind tunnel. Proc. roy. Soc., Lond. **142**, 308 (1933).

— The aerofoil in a wind tunnel of elliptic section. Proc. roy. Soc., Lond. **140**, 579 (1933).

Terazawa, K.: On the Interference of wind tunnel walls of rectangular cross section on the aerodynamical charateristics of a wing. Rep. aeron. Res. Inst., Tokyo Nr. 44 (Bd. 4, S. 69) (1928).

Fünftes Kapitel

Vermischte Beispiele.

§ 1. Das mathematische Pendel.

Eines der beiden Enden eines (gewichtslosen) Fadens der Länge L sei an einem festen Punkt 0 angeheftet, während sich am anderen

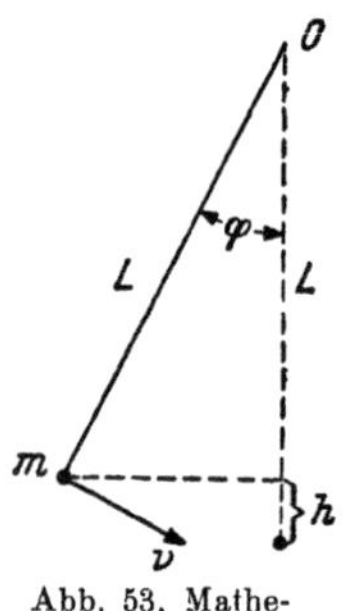

Abb. 53. Mathematisches Pendel.

Ende ein (punktförmiger) Körper der Masse m befinden soll. Wird dieser aus der Ruhelage entfernt und dann sich selbst überlassen, so führt er Schwingungen um die Gichgewichtslage aus. Zu einem beliebigen Zeitpunkt t sei der Winkel, den der Faden des Pendels mit der Vertikalen (der Ruhelage) bildet, gleich φ. Ist das Zeitgesetz, nach dem der Winkel φ sich ändert, $\varphi = f(t)$, so ist die Winkelgeschwindigkeit des Massenpunktes

$$\omega = \frac{d\varphi}{dt}$$

und seine Geschwindigkeit in Richtung der Tangente

$$v = L\,\frac{d\varphi}{dt}.$$

Mithin ist seine kinetische Energie im Zeitpunkt t

$$T = \frac{m}{2}\,v^2 = \frac{m}{2}\,L^2\left(\frac{d\varphi}{dt}\right)^2.$$

Bedeutet $h = L\,(1 - \cos\varphi)$ die Höhe des Massenpunktes über der Ruhelage, so ist die potentielle Energie im gleichen Zeitpunkt

$$U = m\,g\,h = m\,g\,L\,(1 - \cos\varphi),$$

wenn g die Schwerebeschleunigung bedeutet. Die gesamte mechanische Energie ist daher

$$T + U = \frac{m}{2}\, L^2 \left(\frac{d\varphi}{dt}\right)^2 + m\, g\, L\, (1 - \cos \varphi) = \text{konstant}$$

von der Zeit unabhängig. Zu Beginn des Bewegungsvorganges sei $\varphi = \varphi_0$ und $v = v_0$, d. h. zum Zeitpunkt $t = 0$ wird dem um den Winkel φ_0 aus der Ruhelage entfernten Pendel die Anfangsgeschwindigkeit v_0 erteilt. Nach dem Energiesatz muß dann gelten

$$\frac{m}{2}\, L^2 \left(\frac{d\varphi}{dt}\right)^2 + m\, g\, L\, (1 - \cos \varphi) = \frac{m}{2}\, v_0^2 + m\, g\, L\, (1 - \cos \varphi_0)$$

oder $$\left(\frac{d\varphi}{dt}\right)^2 = \frac{1}{L^2}\, v_0^2 + 2 g\, L\, (\cos \varphi - \cos \varphi_0)$$

und hieraus

$$t = L \int_{\varphi_0}^{\varphi} \frac{d\varphi}{\sqrt{v_0^2 + 2 g\, L\, (\cos \varphi - \cos \varphi_0)}}\,.$$

Die untere Integrationsgrenze und die Integrationskonstante sind hierbei der Anfangsbedingung angepaßt, also derart gewählt, daß sich $\varphi = \varphi_0$ für $t = 0$ ergibt. Macht man Gebrauch von der Beziehung $\cos \varphi = 1 - 2 \sin^2 \frac{\varphi}{2}$, so folgt

$$t = L \int_{\varphi_0}^{\varphi} \frac{d\varphi}{\sqrt{v_0^2 + 4 g\, L \left(\sin^2 \frac{\varphi_0}{2} - \sin^2 \frac{\varphi}{2}\right)}}\,.$$

Es wird zunächst der Fall $v_0 = 0$ betrachtet, d. h. zu Beginn des Bewegungsvorganges wird dem um den Winkel φ_0 aus der Ruhelage entfernten Pendel die Anfangsgeschwindigkeit Null erteilt. Es ergibt sich hierfür

$$2 t = \sqrt{\frac{L}{g}} \int_{\varphi_0}^{\varphi} \frac{d\varphi}{\sqrt{\sin^2 \frac{\varphi_0}{2} - \sin^2 \frac{\varphi}{2}}}\,.$$

Die Substitution $\sin \varphi/2 = \sin \varphi_0/2 \,\sin u$ liefert

$$t = \sqrt{\frac{L}{g}} \int_{u_0}^{u} \frac{du}{\sqrt{1 - \sin^2 \frac{\varphi_0}{2}\,\sin^2 u}} = \sqrt{\frac{L}{g}} \int_{u_0}^{u} \frac{du}{\sqrt{1 - k^2 \sin^2 u}}$$

mit $k = \sin (\varphi_0/2)$. Hierbei entspricht u_0 dem Werte $\varphi = \varphi_0$, d. h. es ist $u_0 = \pi/2$. Mithin ist

$$\sqrt{\frac{g}{L}}\, t = F\, (k, u) - K\, (k)$$

$$F\,(k, u) = \sqrt{\frac{g}{L}}\, t + K$$

und hieraus folgt (siehe Gl. I, 25)

$$u = a\,m\left[\left(\sqrt{\tfrac{g}{L}}\,t + K\right),k\right]$$

mit

$$\sin\frac{\varphi}{2} = \sin\frac{\varphi_0}{2}\sin u$$

folgt

$$\sin\frac{\varphi}{2} = k\,\mathrm{sn}\left[\left(\sqrt{\tfrac{g}{L}}\,t + K\right)\right],\quad k = \sin\frac{\varphi_0}{2}.$$

Da die Funktion $\mathrm{sn}\,z$ die reelle Periode $z = 4\,K$ besitzt, so ist die Periode des Bewegungsvorganges

$$T = 4\,K\,\sqrt{\frac{L}{g}}\;.$$

Es kann also die Schwingungsdauer mit Hilfe der am Schluß dieses Heftes angegebenen Tabellen berechnet werden. Benutzt man die Potenzreihenentwicklung Gl. (I, 6a) von K nach $k = \sin\frac{\varphi_0}{2}$, so folgt

$$T = 2\,\pi\,\sqrt{\frac{L}{g}}\left[1 + \frac{1}{4}\sin^2\frac{\varphi_0}{2} + \frac{9}{64}\sin^4\frac{\varphi_0}{2} + \cdots\right]\;.$$

Spezialfall $\varphi_0 \ll 1$.

Ist die Amplitude φ_0 zu Beginn des Bewegungsvorganges klein, so folgt aus den obenstehenden Formeln, wenn man beachtet, daß mit $k \to 0$ zugleich $K \to \frac{\pi}{2}$ und $\mathrm{sn}\,(u,k) \to \sin u$ geht:

$$\varphi \sim \varphi_0 \cos\sqrt{\tfrac{g}{L}}\,t, \qquad T \sim T_0 = 2\,\pi\,\sqrt{\frac{L}{g}}\;.$$

In diesem Falle führt das mathematische Pendel harmonische Schwingungen um die Gleichgewichtslage aus. Der Fall $v_0 \neq 0$ kann in einfacher Weise auf den vorstehend behandelten ($v_0 = 0$) zurückgeführt werden. Das aus der Anfangslage $\varphi = \varphi_0$ mit der Anfangsgeschwindigkeit v_0 abgestoßene Pendel steigt auf der anderen Seite bis zu einem Winkel Φ auf, der nach dem Energiesatz gegeben ist durch

$$\frac{m}{2}\,v_0^2 + m\,g\,L\,(1 - \cos\varphi_0) = m\,g\,L\,(1 - \cos\Phi).$$

Mithin

$$\cos\Phi = \cos\varphi_0 - \frac{v_0^2}{2gL}\;.$$

Wird die Zeitzählung von dem Augenblick an gerechnet, in dem das Pendel diese Amplitude Φ erreicht hat, so liegt der Fall eines Pendels vor, das im Zeitpunkt $t = 0$ aus der Lage $\varphi_0 = \Phi$ mit der Anfangsgeschwindigkeit Null entlassen wird, wo Φ durch den obenstehenden Ausdruck gegeben ist. Es ist also für den Fall $v_0 \neq 0$ in den im vorhergehenden erhaltenen für $v_0 = 0$ gültigen Formeln an Stelle von φ_0 der Wert Φ einzusetzen, wobei $t = 0$ der Zeitpunkt ist, in dem das Pendel diese Maximalamplitude gerade erreicht hat.

§ 2. Potential eines geladenen Ellipsoids.

Ein dreiachsiges leitendes Ellipsoid mit den Halbachsen a, b, c ($a > b > c$) wird mit der Ladung $+ e$ geladen. Es sei v die Potentialfunktion des elektrostatischen Feldes für einen außerhalb des Ellipsoids gelegenen Aufpunkt $P(x, y, z)$. Die Bedingungen, denen v genügen muß, sind

1. $\quad\quad\quad \Delta v = 0;$
2. $\quad\quad\quad v =$ konstant auf der Oberfläche des Ellipsoids;
3. $\quad\quad\quad \lim_{R = \infty} R\, v = e \quad\quad\quad (R^2 = x^2 + y^2 + z^2).$

Man führt an Stelle der rechtwinkligen Koordinaten x, y, z elliptische Koordinaten λ, μ, ν ein, gegeben durch

$$x^2 = \frac{(a^2 + \lambda)\,(a^2 + \mu)\,(a^2 + \nu)}{(a^2 - b^2)\,(a^2 - c^2)}$$

$$y^2 = \frac{(b^2 + \lambda)\,(b^2 + \mu)\,(b^2 + \nu)}{(b^2 - a^2)\,(b^2 - c^2)}$$

$$z^2 = \frac{(c^2 + \lambda)\,(c^2 + \mu)\,(c^2 + \nu)}{(a^2 - c^2)\,(b^2 - c^2)}\,.$$

Die λ, μ, ν berechnen sich aus den x, y, z als Wurzeln der Gleichung dritten Grades in ϱ

$$\frac{x^2}{a^2 + \varrho} + \frac{y^2}{b^2 + \varrho} + \frac{z^2}{c^2 + \varrho} - 1 = 0,$$

wobei $\lambda > \mu > \nu$. Die Wertebereiche der λ, μ, ν sind

$$-c^2 > \mu > -b^2; \quad \infty > \lambda > -c^2; \quad -b^2 > \nu > -a^2$$

Die Koordinatenflächen λ bzw. μ bzw. ν gleich Konstant stellen Ellipsoide bzw. einschalige bzw. zweischalige Hyperboloide dar, die alle konfokal und orthogonal zueinander sind. Die spezielle Koordinatenfläche $\lambda = 0$ stellt das dreiachsige Ellipsoid

$$\frac{x^2}{a^2} + \frac{y^2}{b^2} + \frac{z^2}{c^2} = 1$$

dar. Der Laplacesche Differentialoperator

$$\Delta v = \frac{\partial^2 v}{\partial x^2} + \frac{\partial^2 v}{\partial y^2} + \frac{\partial^2 v}{\partial z^2}$$

nimmt, wenn λ, μ, ν als Variable eingeführt werden, die folgende Gestalt an

$$\frac{\Delta v}{4} = \frac{\sqrt{f(\lambda)}}{(\lambda - \mu)\,(\lambda - \nu)} \frac{\partial}{\partial \lambda}\left(\sqrt{f(\lambda)}\,\frac{\partial v}{\partial \lambda}\right) + \frac{\sqrt{f(\mu)}}{(\mu - \nu)\,(\mu - \lambda)} \frac{\partial}{\partial \mu}\left(\sqrt{f(\mu)}\,\frac{\partial v}{\partial \mu}\right)$$
$$+ \frac{\sqrt{f(\nu)}}{(\nu - \lambda)\,(\nu - \mu)} \frac{\partial}{\partial \nu}\left(\sqrt{f(\nu)}\,\frac{\partial v}{\partial \nu}\right),$$

wobei $f(\lambda) = (a^2 + \lambda)\,(b^2 + \lambda)\,(c^2 + \lambda)$ ist. Entsprechend sind $f(\mu)$ und $f(\nu)$ erklärt. Es ist leicht einzusehen, daß für den hier vorliegenden Fall die Potentialfunktion v eine Funktion von λ allein ist. D. h. die Niveauflächen sind konfokale Ellipsoide $\lambda = $ konstant. Es ist dann

$$\Delta v = \frac{\sqrt{f(\lambda)}}{(\lambda - \mu)\,(\lambda - \nu)}\,\frac{d}{d\lambda}\left(\sqrt{f(\lambda)}\,\frac{dv}{d\lambda}\right).$$

$\Delta v = 0$ ergibt dann

$$\sqrt{f(\lambda)}\,\frac{dv}{d\lambda} = \text{konstant.}$$

Somit folgt, wenn die in v enthaltene additive Konstante so gewählt wird, daß v für $\lambda = \infty$ (d. h. für $R^2 = x^2 + y^2 + z^2 = \infty$) verschwindet

$$v = C_1 \int\limits_{\lambda}^{\infty} \frac{d\lambda}{\sqrt{(a^2 + \lambda)\,(b^2 + \lambda)\,(c^2 + \lambda)}}.$$

Nach der ersten Formel aus Tabelle (C) in Kap. I ergibt sich hierfür

$$v = C_1 \frac{2}{\sqrt{a^2 - c^2}} \cdot F(k, \varphi)$$

mit
$$k = \sqrt{\frac{a^2 - b^2}{a^2 - c^2}} \quad \text{und} \quad \varphi = \arcsin\sqrt{\frac{a^2 - c^2}{a^2 + \lambda}}.$$

Ist $\lambda \gg a$, d. h. befindet sich der Aufpunkt P in großer Entfernung, so folgt

$$v \sim \frac{2C_1}{\sqrt{a^2 - c^2}}\sqrt{\frac{a^2 - c^2}{a^2 + \lambda}} = \frac{2C_1}{\sqrt{a^2 + \lambda}} \sim \frac{2C_1}{\sqrt{\lambda}}.$$

Da aber für $\lambda \gg a$, $x^2 + y^2 + z^2 = R^2$ näherungsweise gleich λ wird, so ist

$$\lim_{R \to \infty} R\,v = 2C_1.$$

Es wird anschließend gezeigt, daß die Integrationskonstante C_1 gleich der halben Ladung $e/2$ auf dem Leiter ist. Somit ist $\lim\limits_{R = \infty} v\,R = e$.

Es soll nun die Konstante C_1 berechnet werden. Dazu ist zu beachten, daß nach Gl. (III, 5) die Normalkomponente E_n der elektrischen Feldstärke an der Oberfläche $\lambda = 0$ des Ellipsoids gegeben ist durch

$$E_n = -\frac{\partial v}{\partial n} = -\left(U\,\frac{dv}{d\lambda}\right)_{\lambda = 0} = 4\pi\,\eta,$$

wo η die Ladungsdichte ist. Das Längenelement in Richtung der Normalen ist hierbei

$$dn = \frac{d\lambda}{U} \quad \text{mit} \quad \frac{1}{U^2} = \frac{1}{4}\left[\frac{x^2}{(a^2 + \lambda)^2} + \frac{y^2}{(b^2 + \lambda)^2} + \frac{z^2}{(c^2 + \lambda)^2}\right]^2.$$

Es ist also die Ladungsdichte η in einem Punkte x, y, z der Leiteroberfläche, wenn man beachtet, daß

$$\frac{dv}{d\lambda} = -\frac{C_1}{\sqrt{(a^2+\lambda)(b^2+\lambda)(c^2+\lambda)}}$$

$$\eta = \frac{C_1}{2\pi\,abc}\,\frac{1}{\sqrt{\dfrac{x^2}{a^4}+\dfrac{y^2}{b^4}+\dfrac{z^2}{c^4}}}\,.$$

Die Gesamtladung ergibt sich dann zu

$$e = \frac{C_1}{2\pi\,abc}\int\frac{df}{\sqrt{\dfrac{x^2}{a^4}+\dfrac{y^2}{b^4}+\dfrac{z^2}{c^4}}}\,,$$

wobei die Integration über die Oberfläche des Leiters zu erstrecken ist. Verwandlung in ein Doppelintegral über den Bereich $x^2/a^2 + y^2/c^2 \leqq 1$ ergibt wegen

$$df = \frac{dx\,dy}{\cos(n,z)} = \frac{c^2}{z}\sqrt{\frac{x^2}{a^4}+\frac{y^2}{b^4}+\frac{z^2}{c^4}}\,dx\,dy$$

den Wert

$$e = 2C_1 \quad \text{oder} \quad C_1 = \frac{e}{2}\,.$$

Die gesuchte Potentialfunktion wird dann endgültig

$$v = \frac{e}{a^2-c^2}\,F\left(\sqrt{\frac{a^2-b^2}{a^2-c^2}},\ \text{arc}\sin\sqrt{\frac{a^2-c^2}{a^2+\lambda}}\right)$$

womit auch die Kapazität

$$C = \left(\frac{e}{v}\right)_{\lambda=0}$$

bekannt ist.

§ 3. Der gedrückte Stab.

Ein gerader homogener Stab der Länge L mit überall gleichem Querschnitt wird an seinen Enden durch Druckkräfte belastet, die in den Schwerpunkten der Endflächen in Richtung der ursprünglich geraden Stabachse angreifen. Die Enden des Stabes sollen gelenkig gelagert sein. Der vor der Einwirkung der Belastung zwischen den Punkten $x = 0$ und $x = L$ der x-Achse liegende gerade Stab nimmt unter dem Einfluß der Druckkräfte von der Größe P eine gekrümmte Gestalt an, deren Gleichung $y = y(x)$ sei. Der linke Endpunkt A des Stabes soll stets mit dem Nullpunkt zusammenfallen. Bedeutet $\varrho(x)$ den Krümmungsradius von $y(x)$ an der Stelle x,

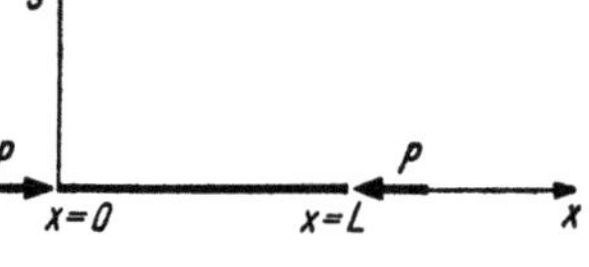
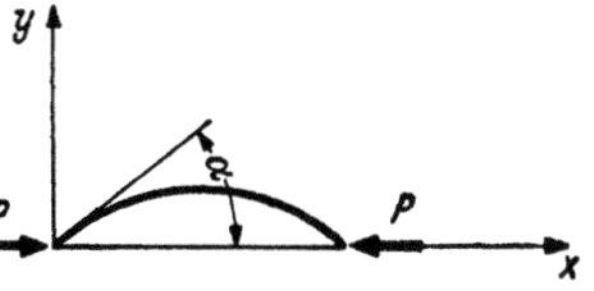

Abb. 54. Gedrückter Stab, vor und nach der Belastung.

so ist nach den Gesetzen der Elastizitätstheorie die Differentialgleichung des gebogenen Stabes

$$\frac{1}{\varrho(x)} = -\frac{P}{EJ}\,y(x).$$

Hierbei ist E der Elastizitätsmodul des Stabmaterials und J eine geometrische durch die Form des Querschnitts gegebene Konstante, nämlich das Trägheitsmoment der Querschnittsfläche in bezug auf eine durch den Schwerpunkt des Querschnittes gehende Achse senkrecht zur x, y-Ebene.

Der Krümmungsradius ist

$$\varrho(x) = \frac{\sqrt{(1+y'^2)^3}}{y''}.$$

Mithin ist die Differentialgleichung der gebogenen Linie

$$\frac{y''}{\sqrt{(1+y'^2)^3}} + \frac{P}{EJ}\,y = 0. \tag{1}$$

Nimmt man zunächst den Fall sehr kleiner Durchbiegungen an, so kann man im Radikanden des Nenners y'^2 gegen die Eins vernachlässigen. Die Differentialgleichung (1) lautet dann

$$y'' + \frac{P}{EJ}\,y = 0$$

oder, mit $\beta^2 = \dfrac{P}{EJ}$:

$$y'' + \beta^2\,y = 0.$$

Die allgemeine Lösung dieser Differentialgleichung ist:

$$y = A\cos\beta\,x + B\sin\beta\,x.$$

Die Randbedingungen sind $y = 0$ bei $x = 0$ und $x = L$. Daraus ergibt sich

$$A = 0,\ \beta L = n\pi \qquad\qquad n = 1, 2, 3, \ldots$$

oder

$$P_n = \frac{n^2\pi^2}{L^2}\,EJ. \qquad\qquad n = 1, 2, 3, \ldots$$

D. h. nur bei einer ganz bestimmten Größe der Druckkraft

$$P_n = \frac{n^2\pi^2}{L^2}\,E\,J \qquad\qquad n = 1, 2, 3, \ldots$$

ist eine von der geraden Linie abweichende Gleichgewichtslage des Stabes möglich. Die dieser Druckkraft P_n zugehörige Eigendurchbiegung

$$y_n = B_n \sin\left(n\pi\,\frac{x}{L}\right)$$

ist bis auf den konstanten Faktor B_n bestimmt. Eine nähere Analyse zeigt jedoch, daß die den Druckkräften P_2, P_3, P_4 entsprechenden Eigendurchbiegungen y_2, y_3, y_4, $\ldots$ nicht stabil sind, sondern nur die dem Drucke $P_1 = \dfrac{\pi^2}{L^2}\,E\,J$ entsprechende

$$y_1 = B_1 \sin\left(\pi\,\frac{x}{L}\right). \tag{1a}$$

Die Größe $P_1 = \dfrac{\pi^2}{L^2}\, E J$ wird als die EULERsche Knickkraft bezeichnet. Eine unterhalb dieser liegende bewirkt keine Verbiegung des Stabes. Nach Angabe dieser nur für sehr kleine Verbiegungen gültigen Lösung (1a) von (1), die noch dazu den Nachteil besitzt, daß die an der Stelle $x = L/2$ liegende maximale Durchbiegung B_1 unbestimmt bleibt, soll nun die strenge Lösung der Differentialgleichung (1) angegeben werden. Es ist also:

$$\frac{y''}{\sqrt{(1 + y'^2)^3}} + \frac{P}{EJ}\, y = 0$$

oder

$$\frac{d}{dy}\left(\frac{1}{\sqrt{1 + y'^2}}\right) = \frac{P}{EJ}\, y$$

zu lösen. Die Integration dieser Gleichung ergibt

$$\frac{1}{\sqrt{1 + y'^2}} - \frac{1}{2}\,\beta^2\, y^2 = C \quad \text{mit} \quad \beta^2 = \frac{P}{EJ}, \tag{2}$$

wo C eine Integrationskonstante ist. Die geometrische Bedeutung von C ist leicht zu erkennen. Bedeutet α den Neigungswinkel der im Nullpunkt an die gebogene Linie gelegten Tangente, so ist dieser gegeben durch

$$\cos\alpha = \frac{1}{\sqrt{1 + \tan^2\alpha}} = \frac{1}{\sqrt{1 + y_0'^2}} = C.$$

Es ist daher

$$0 \leq C \leq 1. \tag{3}$$

Das Maximum der Durchbiegung $y_{\max}$ ist dadurch charakterisiert, daß $y' = 0$ ist. Es ist daher

$$y_{\max} = \frac{1}{\beta}\,\sqrt{2\,(1 - C)}\,.$$

Wird die Gl. (2) nach y' aufgelöst, so folgt

$$y'^2 = \frac{1 - \left(C + \dfrac{1}{2}\,\beta^2\, y^2\right)^2}{\left(C + \dfrac{1}{2}\,\beta^2\, y^2\right)^2}$$

oder

$$\frac{dx}{dy} = \frac{C + \dfrac{1}{2}\,\beta^2\, y^2}{\sqrt{1 - \left(C + \dfrac{1}{2}\,\beta^2\, y^2\right)^2}}\,.$$

Somit lautet die Gleichung der gebogenen Linie, wenn man beachtet, daß für $x = 0$ auch $y = 0$ ist,

$$x = \int_0^y \frac{C + \dfrac{1}{2}\,\beta^2\, y^2}{\sqrt{1 - \left(C + \dfrac{1}{2}\,\beta^2\, y^2\right)^2}}\, dy\,.$$

Zwecks Auflösung dieses elliptischen Integrals macht man die Substitution

$$y = \frac{1}{\beta}\,\sqrt{2\,(1 - C)}\,\cos\varphi. \tag{4}$$

Das obenstehende Integral geht dann über in

$$x = -\frac{1}{\beta}\int\limits_{\pi/2}^{\varphi}\frac{1 - 2\,k^2\sin^2\varphi}{\sqrt{1 - k^2\sin^2\varphi}}\,d\varphi, \tag{5}$$

wobei

$$k^2 = \frac{1}{2}\,(1 - C)$$

gesetzt ist.

Aus Gl. (3) ergibt sich, daß folgende Beziehung gilt

$$0 \leq 1 - 2\,k^2 \leq 1$$

oder

$$0 \leq k^2 \leq \frac{1}{2}. \tag{6}$$

Für die Gleichung des gebogenen Stabes folgt dann

$$x = \frac{1}{\beta}\left\{2\int\limits_{\varphi}^{\pi/2}\sqrt{1 - k^2\sin^2\varphi}\,d\varphi - \int\limits_{\varphi}^{\pi/2}\frac{d\varphi}{\sqrt{1 - k^2\sin^2\varphi}}\right\}$$

oder, nach Ausführung der Integration

$$\begin{aligned} x &= \frac{1}{\beta}\left\{2\,[\,\boldsymbol{E}\,(k) - E\,(k,\varphi)] - [K\,(k) - F\,(k,\varphi)]\right.\\ y &= 2\,\frac{k}{\beta}\,\cos\varphi \qquad 0 \leq \varphi < \frac{\pi}{2}. \end{aligned} \tag{7}$$

Dieses ist die Gleichung der gebogenen Linie in Parameterdarstellung (Parameter φ). Zur Berechnung des einstweilen noch unbekannten Modul k ist zu beachten, daß die Länge des Stabes gleich L ist. Das Längenelement ist nach den Gln. (4) und (5)

$$ds^2 = dx^2 + dy^2 = \left[\frac{(1 - 2\,k^2\sin^2\varphi)^2}{1 - k^2\sin^2\varphi} + 4\,k^2\sin^2\varphi\right]^2\frac{(d\varphi)^2}{\beta^2}$$

$$ds = -\frac{1}{\beta}\frac{d\varphi}{\sqrt{1 - k^2\sin^2\varphi}}$$

Dem Punkte $y = 0$ entspricht $\varphi = \pi/2$, dem Punkte $y = y_{\max}$ entspricht $\varphi = 0$. Es ist also die halbe Stablänge

$$\frac{1}{2}\,L = \frac{1}{\beta}\int\limits_{0}^{\pi/2}\frac{d\varphi}{\sqrt{1 - k^2\sin^2\varphi}} = \frac{1}{\beta}\,K\,(k).$$

Die Bestimmungsgleichung für den Modul k lautet daher

$$K\,(k) = \frac{1}{2}\,\beta\,L,$$

wo

$$\beta^2 = \frac{P}{E\,J} \tag{8}$$

gesetzt war.

Damit ist also das Gleichungssystem (7) völlig bestimmt. Da $K\,(k)$ stets $\geq \pi/2$ ist, so folgt aus (8):

$$\frac{1}{2}\,\beta L \geq \frac{\pi}{2} \quad \text{oder} \quad \beta \geq \frac{\pi}{L}$$

und somit

$$P \geq P_1 = \frac{\pi^2}{L^2}\,E\,J.$$

Man findet auch hier wieder das schon im vorhergehenden gefundene Resultat, daß eine Durchbiegung des Stabes erst bei einer solchen Belastung eintritt, die die EULERsche Knickkraft überschreitet. Drückt man die Belastung P in Vielfachen der EULERschen Knickkraft aus, setzt man also

$$p = \frac{P}{P_1} = \frac{P L^2}{\pi^2 E J} = \frac{\beta^2 L^2}{\pi^2}\,,$$

so folgt $\beta L = \pi \sqrt{p}$, und aus (7):

$$\frac{x}{L} = \frac{1}{\pi \sqrt{p}}\left\{ 2\,[E\,(k) - E\,(k,\varphi)] - [K\,(k) - F\,(k,\varphi)] \right\} \tag{9}$$

$$\frac{y}{L} = \frac{2k}{\pi \sqrt{p}}\cos\varphi\,, \quad \frac{y_{\max}}{L} = \frac{2k}{\pi \sqrt{p}}\,, \quad K\,(k) = \frac{1}{2}\,\beta L = \frac{\pi}{2}\,\sqrt{p}\,.$$

Es ist also durch Angabe von p die Form des gebogenen Stabes bestimmt. Besonders wichtig ist die maximale Durchbiegung

$$\frac{y_{\max}}{L} = \frac{2k}{\pi \sqrt{p}} = \frac{k}{K}\,. \tag{10}$$

Nach Gl. (4) war $0 \leq k^2 \leq \dfrac{1}{2}$, also $\dfrac{\pi}{2} \leq K \leq 1{,}8541$ und somit

$$1 \leq p \leq 1{,}3932.$$

Aus (3) folgt, daß der Wert $p = 1{,}3932$ einer Belastung entspricht, die den Stab derart verbiegt, daß die in den Endpunkten an den gekrümmten Stab gelegten Tangenten senkrecht zu der ursprünglich geraden Stabachse stehen. Dieser Belastung entspricht eine maximale Durchbiegung

$$\frac{y_{\max}}{L} = 0{,}3814.$$

Im Falle nicht zu sehr von Null abweichender Werte k, d. h. für eine die EULERsche Knickkraft P_1 nicht viel überschreitende Belastung P, läßt sich für die maximale Durchbiegung eine einfache Näherungsformel angeben. Für kleine Werte von k gilt (siehe Gl. (I, 6a))

$$K \sim \frac{\pi}{2}\left(1 + \frac{k^2}{4}\right)$$

und hieraus folgt

$$k^2 = \frac{8}{\pi}\left(K - \frac{\pi}{2}\right),$$

mithin nach Gl. (10):

$$\left(\frac{y_{\max}}{L}\right)^2 = \frac{k^2}{K^2} = \frac{8}{\pi K}\left(1 - \frac{\pi}{2K}\right)$$

und, wenn man im Nenner des vor der Klammer stehenden Faktors für K den Wert $\pi/2$ und für den Wert K innerhalb der Klammer gemäß

(9) $K = \dfrac{\pi}{2}\sqrt{p}$ setzt, so folgt

$$\left(\frac{y_{\max}}{L}\right)^2 = \frac{k^2}{K^2} = \frac{8}{\pi K}\left(1 - \frac{\pi}{2K}\right) = \frac{16}{\pi^2}\left(1 - \sqrt{\frac{P_1}{P}}\right)$$

und, da in dem hier betrachteten Fall P_1/P nicht sehr von Eins abweicht, so folgt

$$\sqrt{\frac{P_1}{P}} = \sqrt{1 - \left(1 - \frac{P_1}{P}\right)} \sim 1 - \frac{1}{2}\left(1 - \frac{P_1}{P}\right)$$

und somit

$$\left(\frac{y_{\max}}{L}\right)^2 \sim \frac{8}{\pi^2}\left(1 - \frac{P_1}{P}\right).$$

So ist z. B. für $P_1/P = p = 1{,}05$ nach dieser Formel

$$\left(\frac{y_{\max}}{L}\right) = 0{,}20,$$

während sich nach der strengen Formel (10) der Wert $0{,}19$ ergibt. Für kleine Werte k nimmt das Gleichungssystem (9) die Form an

$$\frac{x}{L} = \frac{1}{\pi\sqrt{p}}\left(\frac{\pi}{2} - \varphi\right) \quad\text{oder}\quad \varphi = \frac{\pi}{2} - \frac{\pi\, x\sqrt{p}}{L}$$

$$\frac{y}{L} = \frac{k}{K}\sin\varphi.$$

Hieraus folgt nach Elimination von φ für die Gleichung der gebogenen Linie, falls $p = P/P_1 \sim 1$ ist

$$\frac{y}{L} = \frac{k}{K}\sin\left(\frac{\pi\sqrt{p}}{L}\right)x = \frac{\sqrt{8}}{\pi}\sqrt{1 - \frac{P_1}{P}}\sin\left(\frac{\pi}{L}\,x\right).$$

Diese Lösung ist mit derjenigen, die in (1a) angegeben wurde, identisch, wobei hier die Amplitude B_1 bestimmt ist.

§ 4. Fragen der Tschebyscheffschen Approximation.

Vorbemerkungen über „Tschebyscheffsche" und „Gausssche" Approximation.

Die Aufgabe, eine gegebene Funktion $g(x)$ durch eine geeignete Funktion aus einer n-parametrigen Funktionenschar $f(x, a_1, \ldots, a_n)$ mit den Parametern $a_1 \ldots, a_n$ in einem gegebenen Intervall $a \leq x \leq b$ „möglichst gut" zu approximieren, tritt in vielen physikalischen und technischen Fragen auf. Dabei wird gewöhnlich, im Anschluß an die

Untersuchungen von Gauss, eine Annäherung als „möglichst gut"
bezeichnet, wenn das Integral des Fehlerquadrats, d. h. der Ausdruck

$$\int\limits_a^b [g(x) - f(x, a_1, \ldots, a_n)]^2 dx$$

durch geeignete Wahl von $a_1, \ldots a_n$ zu einem Minimum gemacht wird.
Dank der großen Erfolge, die die hiermit zusammenhängenden Ideen
von Gauss in vielen Gebieten der Physik und Mathematik errungen
haben, ist eine andere Definition einer „möglichst guten" Approximation, die von Tschebyscheff herrührt, wenig beachtet worden. Nach
dieser zweiten Definition einer optimalen Approximation wird ge-
fordert, daß das Maximum des absoluten Betrages des Fehlers möglichst klein wird, daß also

$$\text{Maximum von } |g(x) - f(x, a_1, \ldots, a_n)|$$

im Intervall $a \leq x \leq b$ einen möglichst kleinen Wert besitzen soll.
Diese zweite, als „Tschebyscheffsche" bezeichnete Approximations-
methode ist es nun, die im folgenden an einigen Beispielen vorgeführt
werden soll. Sie ist bei gewissen Fragen der Technik als die natür-
liche anzusehen, denn wenn es sich darum handelt, ein Gerät zu konstruieren, das irgendeine veränderliche Größe messen, registrieren oder
in einem bestimmten vorgeschriebenen Sinne beeinflussen soll, so in-
teressiert stets das Maximum des möglichen Fehlers und nicht sein
Mittelwert. Dieses Maximum muß im allgemeinen geradezu als „Güte"
des Gerätes garantiert werden. Die im folgenden behandelten Beispiele treten in der Theorie der elektrischen Filter auf, d. h. bei der
Lösung der Aufgabe, Wechselstromschaltungen aus „toten" Schalt-
elementen (Kapazitäten, Induktivitäten, Ohmsche Widerstände) in be-
grenzter Anzahl zu konstruieren, die für bestimmte Bereiche der Fre-
quenz des Wechselstromes als möglichst gute Sperren wirken, während
sie für andere Frequenzbereiche möglichst gut durchlässig sind.

Eine Darlegung der technischen Fragen würde ziemlich umfang-
reiche Ausführungen notwendig machen. Es sei in diesem Zusammen-
hange auf die Kapitel VI und VIII des Werkes von W. Cauer, „Theorie
der linearen Wechselstromschaltungen" (Bd. I) verwiesen. Vor der
Behandlung der hier ausführlich darzulegenden Beispiele zur Tscheby-
scheff-Approximation werde zunächst noch kurz der Unterschied
zwischen dieser und der Gaussschen Approximation an einem besonders einfachen Beispiel erläutert.

Eine Eigenschaft der Tschebyscheffschen Polynome.

Ersichtlich kann man die Frage nach einer möglichst guten Approximation einer Funktion $g(x)$ stets durch die Frage nach einer Approximation der Funktion Null ersetzen, indem man statt der Funktionen-

schar f die Schar $f - g$ zugrunde legt. Fragt man sich nun etwa, für welche Werte der reellen Parameter $a_1, \ldots a_n$, das Polynom n-ten. Grades mit dem Koeffizienten 1 für die höchste Potenz von x, d. h also das Polynom

$$Q_n(x) = x^n + a_1 x^{n-1} + a_2 x^{n-2} + \cdots + a_n$$

die Funktion $g(x) \equiv 0$ im Intervall $-1 \leq x \leq +1$ möglichst gut approximiert, so erhält man für die GAUSSsche Approximation, d. h. aus der Forderung

$$\int\limits_{-1}^{+1} [Q_n(x)]^2 \, dx = \text{Minimum}$$

bekanntlich Vielfache der LEGENDREschen Polynome, nämlich

$$Q_n(x) = \frac{2^n \, n! \, n!}{(2n)!} \, P_n(x) = \frac{n!}{(2n)!} \, \frac{d^n}{dx^n} \, (x^2 - 1)^n,$$

worin $P_n(x)$ das n-te LEGENDREsche Polynom ist. Für die TSCHEBY-SCHEFFsche Approximation, d. h. aus der Forderung

$$\text{Maximum} \, |Q_n(x)| = \text{Minimum} \qquad (-1 \leq x \leq +1)$$

erhält man dagegen, wie sich nach der unten vorzuführenden Methode leicht ergibt, die Lösung

$$Q_n(x) = \frac{1}{2^{n-1}} \, T_n(x) = 2^{-n} \left[(x + i\sqrt{1-x^2})^n + (x - i\sqrt{1-x^2})^n \right]$$
$$= 2^{1-n} \cos (n \arccos x),$$

worin $T_n(x)$ das n-te TSCHEBYSCHEFFsche Polynom ist. Führt man nun die Bezeichnungen ein

$$\overset{*}{P}_n(x) = \frac{2^n \, n! \, n!}{(2n)!} \, P_n(x), \quad \overset{*}{T}_n(x) = 2^{1-n} \, T_n(x),$$

so hat man wegen
$$\int\limits_{-1}^{+1} T_n^2(x) \, dx = 1 - \frac{1}{4n^2 - 1}$$

als Formeln für den Vergleich von $\overset{*}{P}_n(x)$ und $\overset{*}{T}_n(x)$ hinsichtlich ihrer Approximation der Null im TSCHEBYSCHEFFschen bzw. im GAUSSschen Sinne die Formeln:

$$\text{Maximum} \, \overset{*}{P}_n(x) = \frac{2^n \, n! \, n!}{(2n)!} \sim 2^{1-n} \sqrt{\frac{\pi n}{4}}$$

$$\text{Maximum} \, \overset{*}{T}_n(x) = 2^{1-n}$$

$$\int\limits_{-1}^{+1} \overset{*}{P}_n^2(x) \, dx = 2^{-2n} \left(\frac{2^{2n} \, n! \, n!}{2n!} \right)^2 \frac{2}{2n+1} \approx 2^{-2n} \cdot \pi$$

$$\int\limits_{-1}^{+1} \overset{*}{T}_n^2(x) \, dx = 2^{-2n} 4 \left(1 - \frac{1}{4n^2 - 1} \right) \approx 2^{-2n} \cdot 4.$$

Hierin bedeutet das Zeichen $\approx$, daß die betreffende linksstehende Funktion von n für große Werte von n bis auf einen mit $n \to \infty$ prozentual beliebig kleiner werdenden Fehler gleich dem rechtsstehenden Ausdruck ist. Man entnimmt hieraus, daß mit $n \to \infty$ im Intervall $-1 \leq x \leq 1$ der Quotient

$$\frac{\text{Maximum} \left| \overset{*}{P}_n(x) \right|}{\text{Maximum} \left| \overset{*}{T}_n(x) \right|}$$

proportional zu $\sqrt{n}$ gegen Unendlich strebt, während für den Quotienten der Integrale über die Quadrate der Funktionen gilt:

$$\lim_{n \to \infty} \frac{\int\limits_{-1}^{+1} \overset{*}{P}{}_n^2(x)\, dx}{\int\limits_{-1}^{+1} \overset{*}{T}{}_n^2(x)\, dx} = \frac{\pi}{4}\,.$$

Ein Beispiel für die Tschebyscheffsche Approximation, das auf elliptische Funktionen führt.

Die Aufgabe, die nun gelöst werden soll, besteht in dem folgenden Approximationsproblem: Unter allen Funktionen

$$f(x;\, a_1^2,\, \ldots,\, a_n^2) = \prod_{r=1}^{n} \frac{a_r^2 - x^2}{1 - a_r^2 x^2}\,,$$

diejenige zu finden, für die das Maximum des absoluten Betrages im Intervall $0 \leq x \leq h < 1$ einen möglichst kleinen Wert besitzt, wobei die a_r $(r = 1, 2, \ldots, n)$ reelle Parameter sein sollen.

Es ist sofort zu sehen, daß eine Lösung existieren muß, da die Werte der Variablen a_r jedenfalls auf den endlichen abgeschlossenen Bereich $0 \leq a_r^2 \leq h^{-2}$ beschränkt werden können, da andernfalls $|f|$ jedenfalls für geeignete Werte von x beliebig groß wird, während dies nicht eintritt, falls alle $a_r^2 < h^{-2}$ sind. Es seien nun x_p^2 $(p = 1, 2, \ldots, m)$ diejenigen (der Größe nach geordneten) Werte von x^2, für welche $|f|$ im Intervall $0 \leq x \leq h$ seinen größten Wert L annimmt. Die zugehörigen Werte von f, welche gleich $\pm L$ sind, mögen mit y_p bezeichnet werden. Damit nun L wirklich ein Minimum ist, muß jedenfalls folgendes gelten: Betrachtet man eine von einem Parameter ε abhängige Schar von Funktionen

$$f(x, \varepsilon) \equiv f(x;\, a_1^2 + \varepsilon\, \lambda_1,\, \ldots,\, a_n^2 + \varepsilon\, \lambda_n)$$

(worin $\lambda_1,\, \ldots;\, \lambda_n$ irgendwelche reelle Konstanten sind), welche die als eine Lösung des Approximationsproblems angenommene Funktion

$$f(x, 0) \equiv f(x;\, a_1^2,\, \ldots,\, a_n^2)$$

enthält, so darf die Ableitung

$$\left(\frac{\partial f}{\partial \varepsilon}\right)_{\varepsilon\,=\,0} = \sum_{r\,=\,1}^{n} \lambda_r \, f_r(x,\,0)\,,$$

worin

$$f_r(x,\,\varepsilon) = \frac{\partial f(x,\,\varepsilon)}{\partial a_r^2}$$

gesetzt ist, nicht an allen Extremstellen x_p von $f(x,\,0) = y_p$ das entgegengesetzte Vorzeichen wie y_p haben. Hierbei ist y_p, wie oben bemerkt, gleich $\pm L$. Denn dann ist auch für hinreichend kleine Werte von ε an den Stellen $x = x_p$ die Größe $\partial f/\partial \varepsilon$ mit einem Vorzeichen behaftet, welches dem Vorzeichen von f an der Stelle x_p entgegengesetzt ist, so daß

$$\left|f(x_p,\,\varepsilon)\right| < L$$

wird. Dasselbe gilt, wegen der Stetigkeit aller Funktionen und ihrer Ableitungen (als Funktionen von x und ε betrachtet) auch in einer gewissen hinreichend kleinen Umgebung der Stellen $x = x_p$, etwa in allen Intervallen $\left|x - x_p\right| \leqq \delta$. Außerhalb dieser Intervalle ist aber $\left|f(x,\,0)\right|$ ohnedies um einen endlichen festen Betrag kleiner als L, da $f(x,\,0)$ die Werte $\pm L$ nur endlich oft annehmen kann (eben an den Stellen x_p), so daß für hinreichend kleine Werte von ε auch die Funktion $\left|f(x,\,\varepsilon)\right|$ außerhalb der Intervalle $\left|x - x_p\right| \leqq \delta$ kleiner als L sein muß. Damit wären aber alle Funktionen $f(x,\,\varepsilon)$ für hinreichend kleines ε „bessere" Approximationen als $f(x,\,0)$, was gegen die Annahme verstößt, daß $f(x,\,0)$ eine Lösung des Approximationsproblems sein soll. Da der Ausdruck

$$\left\{\prod_{r=1}^{n} (1 - a_r^2\,x^2)\right\}^2$$

wesentlich positiv ist, mithin das Vorzeichen einer Größe bei Multiplikation mit diesem Ausdruck nicht verändert wird, kann man das Resultat der bisherigen Betrachtungen auch so aussprechen: Notwendige Bedingung dafür, daß

$$f(x,\,0) = \prod_{r=1}^{n} \frac{a_r^2 - x^2}{1 - a_r^2\,x^2} = y\,(x^2)$$

eine Lösung des oben formulierten Approximationsproblems ist, ist die Unlösbarkeit des Gleichungssystems

$$\left\{\prod_{r=1}^{n} (1 - a_r^2\,x^2)\right\}^2 \sum_{r=1}^{n} f_r(x_p,\,0)\,\lambda_r = \sigma_p \qquad (p = 1,\,2,\,\ldots,\,m)$$

worin die λ_r und σ_p beliebige reelle Unbekannte sind, von denen nur die Größen σ_p die Bedingung erfüllen müssen, von Null verschieden und von entgegengesetzten Vorzeichen wie $f(x_p,\,0)$, d. h., wie der Wert an der p-ten Extremalstelle von f zu sein. Dieses Gleichungssystem läßt sich ohne Mühe umformen in das System

$$x_p^{2n} \prod_{r=1}^{n} (a_r^2 - x_p^2)(x_p^{-2} - a_r^2) \sum_{r=1}^{n} \left(\frac{1}{a_r^2 - x_p^2} + \frac{1}{x_p^{-2} - a_r^2} \right) \lambda_r = \sigma_p \qquad (11)$$

$$(p = 1, 2, \ldots, m)$$

Wir behaupten, daß dieses Gleichungssystem stets durch geeignete Größen λ_r mit den vorgeschrieben Vorzeichen der σ_p (nämlich entgegengesetzt zu den Vorzeichen der zugehörigen y_n) lösbar ist, falls es in der Reihe

$$\sigma_1, \ldots, \sigma_m \qquad (12)$$

nicht mindestens n Vorzeichenwechsel gibt, woraus dann folgt, daß $m \geq n + 1$ sein muß. Setzt man nämlich

$$Q = Q(x^2, \lambda_1; \ldots; \lambda_n) = x^{2\,n} \prod_{r=1}^{n} (a_r^2 - x^2)(x^{-2} - a_r^2) \times$$

$$\times \sum_{r=1}^{n} \left(\frac{1}{a_r^2 - x^2} + \frac{1}{x^{-2} - a_r^2} \right) \lambda_r,$$

so ist Q ein Polynom in x^2, das höchstens vom $2\,n$-ten Garde ist, und zugleich eine homogene lineare Funktion in $\lambda_1, \ldots, \lambda_n$. Man kann jedenfalls die Parameter λ_r $(r = 1, 2, \ldots, n)$ so bestimmen, daß Q an genau $n-1$ vorgeschriebenen Stellen $x^2 = \xi_r^2$ $(r = 1, 2, \ldots, n-1)$ verschwindet, ohne daß alle λ_r $(r = 1, 2, \ldots, n)$ verschwinden, da diese Forderung auf $n-1$ lineare homogene Gleichungen für die n Unbekannten $\lambda_1, \ldots, \lambda_n$ führt. Wenn nicht alle λ_r gleich Null sind, kann Q nicht identisch verschwinden, sofern die a_r^2 alle untereinander verschieden sind[1]). Sollte dies nicht der Fall sein, so könnte man die weiterhin anzustellenden Betrachtungen ganz analog wie im allgemeinen „Fall" der voneinander verschiedenen a_r^2 durchführen, nur daß man dann die Summe aller λ_r, die zu gleichen Werten der a_r^2 gehören, zu einem einzigen Parameter λ zusammenzufassen hätte, und daß man dann nur behaupten könnte, daß die Anzahl der Vorzeichenwechsel in der Folge der σ_r mindestens gleich der Anzahl der verschiedenen a_r^2 sein müßte. Daraus könnte man, mit der sogleich (im Falle von lauter verschiedenen a_r^2) vorzuführenden Schlußweise sofort erkennen, daß alle a_r zwischen 0 und h^2 liegen müssen. Daraus läßt sich aber wiederum zeigen, daß nicht irgend zwei a_r^2 einander gleich sein können. Nennt man den gemeinsamen Wert dieser beiden a_r^2 kurz a^2, so enthielte $f(x, a_1^2, \ldots, a_n^2)$ den Faktor

$$\overset{*}{f} = \left(\frac{x^2 - a^2}{1 - a^2 x^2} \right)^2.$$

---

[1] Da die Funktionen $\dfrac{1}{a_r^2 - x^2} + \dfrac{1}{x^{-2} - a_r^2}$ dann linear unabhängig sind.

Wir zeigen, daß man das Maximum von $|f|$ verkleinern kann, indem man diesen Faktor durch

$$\overset{**}{f} \equiv \frac{x^2 - a^2 - \beta}{1 - (a^2 - \beta)\,x^2} \cdot \frac{x^2 - a^2 + \beta}{1 - (a^2 + \beta^2)x^2}$$

mit genügend kleinem β ersetzt, wodurch man aus f eine Funktion F erhält, von der zu zeigen ist, daß sie ein kleineres Maximum ihres absoluten Betrages besitzt als f. In der Tat ist, wie eine einfache Rechnung zeigt,

$$\frac{\partial \overset{**}{f}}{\partial(\beta^2)} < 0 \quad \text{für} \quad \beta = 0,$$

sofern $x^2 < 1$ und $a^2 < 1$ ist, was wegen $0 \leq a^2 \leq h^2$ sicher der Fall ist. Es ist also für $0 \leq x^2 \leq h^2$ und für genügend kleine Werte von β sicher

$$\overset{**}{f} < \overset{*}{f},$$

und außerhalb des Intervalls $|x^2 - a^2| \leq \beta$ also auch $|\overset{**}{f}| < |\overset{*}{f}|$, da nur für $|x^2 - a^2| \leq \beta$ die Funktion $\overset{**}{f}$ negativ ist. In diesem Intervall liegt aber $|\overset{**}{f}|$ beliebig nahe an Null. $|f|$ unterscheidet sich also dort um einen endlichen Betrag von seinem Maximum.

Sind also, wie jetzt angenommen werden darf, alle a_r^2 voneinander verschieden, und treten höchstens $n-1$ Vorzeichenwechsel in der Folge der σ_p auf, so hat man sofort die Möglichkeit, durch geeignete Wahl von $\lambda_1, \ldots, \lambda_n$ die Lage aller Nullstellen von $Q(x^2)$ so festzulegen, daß zwischen zwei Werten x_p^2 und x_{p+1}^2 dann und nur dann genau eine Nullstelle ξ^2 von $Q(x^2)$ liegt, wenn zwischen den zugehörigen Werten y_p und y_{p+1} ein Vorzeichenwechsel vorliegt. Danach tritt dann von selber auch ein Vorzeichenwechsel zwischen σ_p und σ_{p+1} auf, und da man das gemeinsame Vorzeichen aller σ_p (eventuell durch Wechsel des Vorzeichens aller λ_r) in der Hand hat, kann man dann in der Tat das Gleichungssystem (11) mit den geforderten Vorzeichen für die σ_p lösen. Man beachte dazu, daß $Q(x^2)$ stets die Nullstellen $x^2 = 0$ und $x^2 = 1$ besitzt, und im übrigen zu jeder anderen Nullstelle auch deren reziproken Wert als Nullstelle hat. Da andererseits Q als Funktion von x^2 höchstens den Grad $2n$ besitzt, können im Intervall $0 < x^2 < 1$ höchstens $n-1$ Nullstellen von Q liegen, über die man nach dem oben Bewiesenen durch geeignete Wahl von $\lambda_1, \ldots, \lambda_n$ willkürlich verfügen kann, womit Q dann bis auf einen konstanten Proportionalitätsfaktor eindeutig bestimmt ist. Man kann also zwischen x_p^2 und x_{p+1}^2 nach Bedarf eine oder keine Nullstelle von Q legen, und etwa (im Fall $m < n-1$) noch übrig bleibende Nullstellen in dem Intervall $h^2 < x^2 < 1$ unterbringen. Es ist also jetzt bewiesen, daß

$$y\,(x^2) = \prod_{r=1}^{n} \frac{a_r^2 - x^2}{1 - a_r^2\,x^2}$$

im Intervall $0 \leq x^2 \leq h^2$ mindestens n Vorzeichenwechsel besitzen muß, wenn y die Lösung des Approximationsproblems sein soll, und diese Vorzeichenwechsel liegen zwischen $n+1$ Stellen x_p, an denen y abwechselnd die Extremwerte $\pm L$ annimmt. Da y als Funktion von x^2 höchstens n Nullstellen haben kann, muß es also genau diese Anzahl besitzen, und es muß

$$0 < a_r^2 < h^2\ (< 1) \qquad (r = 1, 2, \ldots, n) \tag{13}$$

gelten. Da $\dfrac{dy}{d\,(x^2)}$ höchstens für $2\,n - 2$ Werte von x^2 verschwinden kann, und je zwei derselben zueinander reziprok sind, kann $\dfrac{dy}{d\,(x^2)}$ als Funktion von x^2 im Intervall $0 \leq x^2 \leq h^2 < 1$ höchstens $(n-1)$-mal verschwinden. Die Anzahl von $n+1$ Extremalstellen für y im Intervall $0 \leq x^2 \leq h^2$ kann also auch nicht überschritten werden und wird überhaupt nur dadurch erreicht, daß y auch an den Rändern des Intervalls, d. h. für $x^2 = 0$ und $x^2 = h^2$, die Werte $\pm L$ annimmt. Hieraus folgt noch

$$L = \prod_{r=1}^{n} a_r^2 = (-1)^n \prod_{r=1}^{n} \frac{a_r^2 - h^2}{1 - a_r^2 h^2}\,. \tag{14}$$

Das Produkt

$$(L^2 - y^2)\,(L^{-2} - y^2) \tag{15}$$

hat nun alle von Null und h^2 verschiedenen Extremalstellen von y, sowie wegen $y\,(x^2) = 1/y\,(x^{-2})$, deren Reziproke zu doppelten Nullstellen. Dasselbe gilt ersichtlich für die Funktion $\left(\dfrac{dy}{d(x^2)}\right)^2$, deren Nullstellen paarweise reziprok und Extremalstellen von y sind. Es hat $(L^2 - y^2)\,(L^{-2} - y^2)$ noch — als Funktion von x^2 — die einfachen Nullstellen $x^2 = 0$, $x^2 = h^2$ und $x^2 = h^{-2}$, aber keine weiteren Nullstellen. In der Tat ist $L^2 - y^2$ eine rationale Funktion mit einem Zähler vom $2\,n$-ten Grade als Funktion von x^2, während der Zähler von $L^{-2} - y^2$ vom $(2\,n - 1)$-ten Grade ist, wie sich durch Benutzung von (14) ergibt. Es kann also $L^{-2} - y^2$ (als Funktion von x^2) nicht mehr als $2\,n - 1$ und $L^{+2} - y^2$ nicht mehr als $2\,n$ Nullstellen haben, woraus die Vollständigkeit der eben gegebenen Aufzählung folgt. Als Pole haben die Funktionen (15) und $\left(\dfrac{dy}{d(x^2)}\right)^2$ ersichtlich die Stellen $x^2 = a_r^{-2}$, und zwar handelt es sich für beide Funktionen um Pole vierter Ordnung (mit x^2 als unabhängiger Veränderlicher). Somit muß eine Beziehung

$$(L^2 - y^2)\,(L^{-2} - y^2) = C\,x^2\,(1 - h^2\,x^2)\,(1 - h^{-2}\,x^2)\left(\frac{dy}{d(x^2)}\right)^2 \qquad (16)$$

bestehen, worin C eine Konstante ist, da die rationalen Funktionen auf beiden Seiten im Endlichen dieselben Nullstellen und Pole in gleicher Vielfachheit haben, ihr Quotient also, als rationale Funktion ohne Nullstellen und ohne Pole im Endlichen, eine Konstante sein muß. Nunmehr führen wir die Bezeichnungen ein:

$$L^2 = \lambda, \ h^2 = k, \ h^{-1}\,x = \xi, \ L^{-1}\,y = \eta, \ \frac{L^2\,C}{4\,h^2} = M^{-2} \qquad (17)$$

und erhalten aus (16) die Beziehung

$$\frac{d\eta}{\sqrt{(1 - \eta^2)\,(1 - \lambda^2\,\eta^2)}} = M\,\frac{d\xi}{\sqrt{(1 - \xi^2)\,(1 - k^2\,\xi^2)}} \ . \qquad (18)$$

Läuft ξ von 0 bis 1, so läuft η n-mal von $+1$ nach -1 und zurück, wie aus den Bemerkungen vor Gl. (14) hervorgeht. Wählt man die Quadratwurzel auf der rechten Seite von (18) positiv, so bestimmt sich hieraus das Vorzeichen der Wurzel auf der linken Seite, welches also zunächst negativ zu wählen ist, damit bei abnehmenden η $(d\eta < 0)$ der Quotient positiv ist. Eine Integration der Beziehung (18) nach ξ zwischen den Grenzen 0 und 1 liefert somit

$$n \int_{-1}^{+1} \frac{d\eta}{\sqrt{(1 - \eta^2)\,(1 - \lambda^2\,\eta^2)}} = M \int_{0}^{1} \frac{d\xi}{\sqrt{(1 - \xi^2)\,(1 - k^2\,\xi^2)}} \ , \qquad (19)$$

worin nunmehr beide Wurzeln positiv zu wählen sind. Läuft ξ von 1 nach k^{-1}, so läuft η monoton von 1 nach λ^{-1}, wobei $\lambda^{-1} = L^{-2}$ wegen (13) größer als 1 ist. In der Tat läuft nämlich, wie oben festgestellt wurde, $y = L\,\eta$ vom Werte L für $x^2 = h^2$ (d. h. $\xi = 1$) ausgehend zum Werte L^{-1} für $x^2 = h^{-2}$ (d. h. $\xi = k^{-1}$), da

$$y\,(x^2) = \frac{1}{y\left(\dfrac{1}{x^2}\right)}$$

ist, und der Verlauf von y zwischen $x^2 = h^2$ und $x^2 = h^{-2}$ ist monoton, da in diesem Intervall keine Nullstellen von $\dfrac{dy}{d(x^2)}$ liegen. Hieraus ergibt sich durch Integration von (18) nach ξ zwischen den Grenzen 1 und k^{-1} das Resultat:

$$\int_{1}^{\lambda^{-1}} \frac{dy}{\sqrt{(\eta^2 - 1)\,(1 - \lambda^2\,\eta^2)}} = M \int_{1}^{k^{-1}} \frac{d\xi}{\sqrt{(\xi^2 - 1)\,(1 - k^2\,\xi^2)}} \ . \qquad (20)$$

Die Integration von (19) und (20) liefert, wenn die 10. Formel der Tabelle (B) aus Kap. I beachtet wird:

$$2\,n\,K\,(\lambda) = M\,K\,(k) \qquad (21)$$
$$K'\,(\lambda) = M\,K'\,(k)$$

Die Integration von (18) liefert unter Zuhilfenahme der Tabelle (I) aus Kap. I., wenn man $\xi = 0$, $\eta = 1$ für $u = 0$ vorschreibt:

$$\xi = \operatorname{sn}(u, k), \quad \eta = \operatorname{sn}(M u + K(\lambda); \lambda), \tag{22}$$

wobei M und die Moduln k und λ dieser elliptischen Funktionen durch die Beziehungen (21) miteinander verknüpft sind. Um eine direkte Beziehung zwischen ξ und η zu erhalten, untersuche man die Lage der Nullstellen und Pole von $\operatorname{sn}(u, k)$ und $\operatorname{sn}(M u + K(\lambda), \lambda)$. Aus der Tabelle (H) aus Kap. I ergibt sich dann, daß die Funktion

$$\prod_{r=1}^{n} \operatorname{sn}\left(u - \frac{2r-1}{2n} K(k), k\right)$$

dieselben durchweg einfachen Nullstellen und Pole besitzt wie $\operatorname{sn}(M u + K(\lambda), \lambda)$, sich also von dieser nur durch einen konstanten Faktor unterscheiden kann, der sich leicht durch Nullsetzen von u ergibt, da ja $\operatorname{sn}(K(\lambda), \lambda) = 1$ sein muß. Wegen der Beziehung

$$\operatorname{sn}(u + 2K(k), k) = -\operatorname{sn}(u, k)$$

und der sich aus dem Additionstheorem Gl. (I, 31) ergebenden Formel

$$\operatorname{sn}(u + v, k)\operatorname{sn}(u - v, k) = \frac{\operatorname{sn}^2(u, k) - \operatorname{sn}^2(v, k)}{1 - k^2 \operatorname{sn}^2(u, k)\operatorname{sn}^2(v, k)}$$

ergibt sich schließlich:

$$\operatorname{sn}[M u + K(\lambda), \lambda] = (-1)^n D \prod_{r=1}^{n} \frac{\operatorname{sn}^2 u - \operatorname{sn}^2\left(\dfrac{2r-1}{2n} K(k)\right)}{1 - k^2 \operatorname{sn}^2 u \operatorname{sn}^2\left(\dfrac{2r-1}{2n} K(k)\right)}$$

mit

$$D = \left\{\prod_{r=1}^{n} \operatorname{sn}^2\left(\frac{2r-1}{2n} K(k)\right)\right\}^{-1},$$

worin kurz $\operatorname{sn} u$ statt $\operatorname{sn}(u, k)$ geschrieben worden ist. Führt man nun mittels (22) wieder ξ und η ein, so wird

$$\eta = D \prod_{r=1}^{n} \frac{\operatorname{sn}^2\left(\dfrac{2r-1}{2n} K(k)\right) - \xi^2}{1 - k^2 \xi^2 \operatorname{sn}^2\left(\dfrac{2r-1}{2n} K(k)\right)},$$

worin die elliptische Funktion sn zum Modul k gehört. Indem wir nun noch von ξ und η zu x und y zurückkehren [vgl. (17)], erhalten wir das Resultat: Unter allen Funktionen

$$y = \prod_{r=1}^{n} \frac{a_r^2 - x^2}{1 - a_r^2 x^2}$$

mit reellen Parametern a_r besitzt im Intervall $0 \leq x \leq h$ diejenige Funktion den kleinsten Wert für das Maximum L ihres absoluten Betrages, welche man durch die Wahl

$$a_r = h \operatorname{sn}\left(\frac{2r-1}{2n} K(h^2), h^2\right) \qquad r = 1, 2, \ldots, n$$

erhält. Das Maximum ihres absoluten Betrages für $0 \leq x \leq h$ ist

$$L = h^{2n} \prod_{r=1}^{n} \operatorname{sn}^2\left(\frac{2r-1}{2n} K(h^2), h^2\right).$$

Die Werte x_p^2 von x^2 aus dem Intervall $0 \leq x^2 \leq h^2$, für welche dieses Maximum angenommen wird, liegen bei

$$x_p^2 = h^2 \operatorname{sn}^2\left(\frac{p}{n} K(h^2), h^2\right). \qquad p = 0, 1, 2, \ldots, n$$

Die letzte Behauptung folgt direkt aus der Formel (22), nach der η für $u = 0$ den Wert Eins annimmt und mithin auch für

$$u = \frac{2p}{M} K(\lambda)$$

den Wert $(-1)^p$ besitzt. Einsetzen dieser Werte für u nach Umrechnung mit Hilfe der Formeln (21) liefert ohne weiteres das Verlangte, da die angegebenen Werte von x_p^2 tatsächlich zwischen Null und h^2 liegen.

Mit genau denselben Mitteln läßt sich die Aufgabe behandeln: Unter allen Funktionen mit reellen Parametern a_r:

$$y = x \prod_{r=1}^{n} \frac{a_r^2 - x^2}{1 - a_r^2 x^2}$$

diejenige zu finden, für die das Maximum L ihres absoluten Betrages im Intervall $0 \leq x \leq h$ ein Minimum wird. Die Lösung lautet: Man hat

$$a_r = h \operatorname{sn}\left(\frac{2r}{2n+1} K(h^2), h^2\right) \qquad r = 1, 2, \ldots, n$$

zu wählen und erhält

$$L = h^{2n+1} \prod_{r=1}^{n} \operatorname{sn}^2\left(\frac{2r}{2n+1} K(h^2), h^2\right).$$

Der Wert L wird von y angenommen an den Stellen

$$x_p^2 = h^2 \operatorname{sn}^2\left(\frac{2p+1}{2n+1} K(h^2), h^2\right) \qquad p = 0, 1, \ldots, n$$

Literatur zum vorstehenden Paragraphen.

CAUER, W.: Theorie der linearen Wechselstromschaltungen, Bd. I, S. 548. Leipzig 1941. (Auf S. 55 2 zahlreiche weitere Hinweise.)

Tabellen.

1.) Vollständige elliptische Normalintegrale.

α^0	$k^2 = \sin^2\alpha$	K	E	α^0	$k^2 = \sin^2\alpha$	K	E
0	0,00000	1,57080	1,57080	52	0,62096	1,97288	1,28695
1	0,00030	1,57092	1,57068	53	0,63782	1,99267	1,27757
2	0,00122	1,57127	1,57032	54	0,65451	2,01327	1,26815
3	0,00274	1,57187	1,56972	55	0,67101	2,03472	1,25868
4	0,00487	1,57271	1,56888	56	0,68730	2,05706	1,24918
5	0,00760	1,57379	1,56781	57	0,70337	2,08036	1,23966
6	0,01093	1,57511	1,56650	58	0,71919	2,10466	1,23013
7	0,01485	1,57668	1,56495	59	0,73474	2,13002	1,22059
8	0,01937	1,57849	1,56296	60	0,75000	2,15652	1,21106
9	0,02447	1,58054	1,56114	61	0,76496	2,18421	1,20154
10	0,03015	1,58284	1,55889	62	0,77960	2,21319	1,19205
11	0,03641	1,58539	1,55640	63	0,79389	2,24355	1,18259
12	0,04323	1,58820	1,55368	64	0,80783	2,27538	1,17318
13	0,05060	1,59125	1,55073	65	0,82139	2,30879	1,16383
14	0,05853	1,59457	1,54755	66	0,83457	2,34390	1,15455
15	0,06699	1,59814	1,54415	67	0,84733	2,38087	1,14535
16	0,07598	1,60198	1,54052	68	0,85967	2,41984	1,13624
17	0,08548	1,60608	1,53667	69	0,87157	2,46100	1,12725
18	0,09549	1,61045	1,53260	70,0	0,88302	2,50455	1,11838
19	0,10599	1,61510	1,52831	70,5	0,88857	2,52729	1,11399
20	0,11698	1,62003	1,52380	71,0	0,89401	2,55073	1,10964
21	0,12843	1,62523	1,51908	71,5	0,89932	2,57490	1,10533
22	0,14033	1,63073	1,51415	72,0	0,90451	2,59982	1,10106
23	0,15267	1,63632	1,50901	72,5	0,90958	2,62555	1,09683
24	0,16543	1,64260	1,50366	73,0	0,91452	2,65214	1,09265
25	0,17861	1,64900	1,49811	73,5	0,91934	2,67962	1,08851
26	0,19217	1,65570	1,49237	74,0	0,92402	2,70807	1,08443
27	0,20611	1,66272	1,48643	74,5	0,92858	2,73752	1,08039
28	0,22040	1,67006	1,48029	75,0	0,93301	2,76806	1,07641
29	0,23504	1,67773	1,47397	75,5	0,93731	2,79975	1,07248
30	0,25000	1,68575	1,46746	76,0	0,94147	2,83267	1,06861
31	0,26526	1,69411	1,46077	76,5	0,94550	2,86691	1,06480
32	0,28081	1,70284	1,45391	77,0	0,94940	2,90256	1,06106
33	0,29663	1,71192	1,44687	77,5	0,95315	2,93974	1,05738
34	0,31266	1,72139	1,43966	78,0	0,95677	2,97857	1,05378
35	0,32899	1,73125	1,43229	78,5	0,96025	3,01918	1,05024
36	0,34549	1,74150	1,42476	79,0	0,96359	3,06173	1,04679
37	0,36218	1,75217	1,41707	79,5	0,96679	3,10640	1,04341
38	0,37904	1,76326	1,40924	80,0	0,96985	3,15339	1,04011
39	0,39604	1,77479	1,40126	80,2	0,97103	3,17288	1,03882
40	0,41318	1,78677	1,39314	80,4	0,97219	3,19280	1,03754
41	0,43041	1,79922	1,38489	80,6	0,97332	3,21317	1,03628
42	0,44774	1,81216	1,37650	80,8	0,97444	3,23400	1,03503
43	0,46512	1,82560	1,36800	81,0	0,97553	3,25530	1,03379
44	0,48255	1,83957	1,35938	81,2	0,97660	3,27711	1,03257
45	0,50000	1,85407.	1,35064	81,4	0,97764	3,29945	1,03126
46	0,51745	1,86915	1,34181	81,6	0,97866	3,32234	1,03017
47	0,53488	1,88481	1,33287	81,8	0,97966	3,34580	1,02900
48	0,55226	1,90108	1,32384	82,0	0,98063	3,36987	1,02784
49	0,56959	1,91800	1,31473	82,2	0,98158	3,39457	1,02670
50	0,58682	1,93558	1,30554	82,4	0,98251	3,41994	1,02558
51	0,60396	1,95386	1,26928	82,6	0,98341	3,44601	1,02447

α^0	$k^2 = \sin^2 \alpha$	K	E	α^0	$k^2 = \sin^2 \alpha$	K	E
82,8	0,98429	3,47282	1,02338	87,0	0,99726	4,33865	1,00526
83,0	0,98515	3,50042	1,02231	87,2	0,99761	4,40733	1,00466
83,2	0,98598	3,52884	1,02126	87,4	0,99794	4,48115	1,00410
83,4	0,98680	3,55814	1,02023	87,6	0,99825	4,56190	1,00356
83,6	0,98757	3,58837	1,01921	87,8	0,99854	4,64765	1,00306
83,8	0,98834	3,61959	1,01821	88,0	0,99878	4,74272	1,00258
84,0	0,98907	3,65186	1,01724	88,2	0,99901	4,84785	1,00215
84,2	0,98979	3,68525	1,01628	88,4	0,99922	4,96542	1,00174
84,4	0,99048	3,71984	1,01534	88,6	0,99940	5,09876	1,00137
84,6	0,99114	3,75572	1,01443	88,8	0,99956	5,25274	1,00104
84,8	0,99178	3,79298	1,01354	89,0	0,99970	5,43491	1,00075
85,0	0,99240	3,83174	1,01266	89,1	0,99975	5,54020	1,00062
85,2	0,99300	3,87211	1,01181	89,2	0,99981	5,65792	1,00050
85,4	0,99357	3,91423	1,01099	89,3	0,99985	5,79140	1,00049
85,6	0,99411	3,95827	1,01018	89,4	0,99989	5,94550	1,00030
85,8	0,99464	4,00437	1,00940	89,5	0,99992	6,12778	1,00021
86,0	0,99313	4,05276	1,00865	89,6	0,99995	6,35038	1,00014
86,2	0,99561	4,10366	1,00792	89,7	0,99997	6,63854	1,00008
86,4	0,99606	4,15736	1,00721	89,8	0,99999	7,04398	1,00004
86,6	0,99648	4,21416	1,00653	89,9	1,00000	7,73711	1,00001
86,8	0,99688	4,27444	1,00588	90,0	1,00000	∞	1,00000

k^2	K	K'	K'/K	K/K'	$\log q$	$\log q'$	k'^2
0,00	1,57080	∞	∞	0,00000	$-\infty$	0,00000	1,00
0,01	1,57475	3,69564	2,34682	0,42611	0,79806–4	0,41863–1	0,99
0,02	1,57874	3,35414	2,12457	0,47068	0,10129–3	0,35781–1	0,98
0,03	1,58278	3,15587	1,99388	0,50153	0,27960–3	0,31572–1	0,97
0,04	1,58687	3,01611	1,90067	0,52613	0,40677–3	0,28216–1	0,96
0,05	1,59100	2,90834	1,82799	0,54705	0,50393–3	0,25362–1	0,95
0,06	1,59519	2,82075	1,76828	0,56552	0,58738–3	0,22842–1	0,94
0,07	1,59942	2,74707	1,71754	0,58223	0,65663–3	0,00562–1	0,93
0,08	1,60371	2,68355	1,67334	0,59761	0,71693–3	0,18464–1	0,92
0,09	1,60805	2,62777	1,63414	0,61194	0,77042–3	0,16508–1	0,91
0,10	1,61244	2,57809	1,59887	0,62544	0,81853–3	0,14666–1	0,90
0,11	1,61689	2,53333	1,56680	0,63825	0,86230–3	0,12919–1	0,89
0,12	1,62139	2,49264	1,53734	0,65047	0,90249–3	0,11251–1	0,88
0,13	1,62595	2,45534	1,51009	0,66221	0,93967–3	0,09649–1	0,87
0,14	1,63058	2,42093	1,48471	0,67353	0,97430–3	0,08105–1	0,86
0,15	1,63526	2,38902	1,46094	0,68449	0,00672–2	0,06610–1	0,85
0,16	1,64000	2,35926	1,43858	0,69513	0,03724–2	0,05158–1	0,84
0,17	1,64481	2,33141	1,41744	0,70550	0,06608–2	0,03743–1	0,83
0,18	1,64968	2,30523	1,39738	0,71562	0,09344–2	0,02362–1	0,82
0,19	1,65462	2,28055	1,37829	0,72553	0,11949–2	0,01010–1	0,81
0,20	1,65962	2,25721	1,36007	0,73526	0,14435–2	0,99683–2	0,80
0,21	1,66470	2,23507	1,34262	0,74481	0,16816–2	0,98380–2	0,79
0,22	1,66985	2,21402	1,32588	0,75422	0,19099–2	0,97097–2	0,78
0,23	1,67507	2,19397	1,30978	0,76349	0,21297–2	0,95831–2	0,77
0,24	1,68037	2,17483	1,29425	0,77265	0,23415–2	0,94582–2	0,76
0,25	1,68575	2,15652	1,27926	0,78171	0,25461–2	0,93347–2	0,75
0,26	1,69121	2,13897	1,26476	0,79066	0,27439–2	0,92124–2	0,74
k'^2	K'	K'	K/K'	K'/K	$\log q'$	$\log q$	k^2

k^2	K	K'	K'/K	K/K'	$\log q$	$\log q'$	k'^2
0,27	1,69675	2,12213	1,25070	0,79955	0,29356–2	0,90911–2	0,73
0,28	1,70237	2,10595	1,23707	0,80836	0,31218–2	0,89709–2	0,72
0,29	1,70809	2,09037	1,22381	0,81712	0,33026–2	0,88514–2	0,71
0,30	1,71389	2,07536	1,21091	0,82583	0,34787–2	0,87326–2	0,70
0,31	1,71978	2,06088	1,19834	0,83449	0,36502–2	0,86144–2	0,69
0,32	1,72577	2,04689	1,18607	0,84312	0,38175–2	0,84967–2	0,68
0,33	1,73186	2,03336	1,17409	0,85172	0,39810–2	0,83793–2	0,67
0,34	1,73805	2,02028	1,16238	0,86030	0,41408–2	0,82622–2	0,66
0,35	1,74435	2,00760	1,15091	0,86887	0,42972–2	0,81453–2	0,65
0,36	1,75075	1,99530	1,13986	0,87744	0,44504–2	0,80284–2	0,64
0,37	1,75727	1,98337	1,12867	0,88600	0,46007–2	0,79116–2	0,63
0,38	1,76390	1,97178	1,11786	0,89457	0,47482–2	0,77947–2	0,62
0,39	1,77065	1,96052	1,10723	0,90315	0,48932–2	0,76776–2	0,61
0,40	1,77752	1,94957	1,09679	0,91175	0,50356–2	0,75603–2	0,60
0,41	1,78452	1,93891	1,08652	0,92037	0,51758–2	0,74426–2	0,59
0,42	1,79165	1,92853	1,07640	0,92903	0,53139–2	0,73246–2	0,58
0,43	1,79892	1,91841	1,06642	0,93771	0,54500–2	0,72061–2	0,57
0,44	1,80633	1,90855	1,05659	0,94644	0,55841–2	0,70870–2	0,56
0,45	1,81388	1,89892	1,04688	0,95522	0,57166–2	0,69673–2	0,55
0,46	1,82159	1,88953	1,03730	0,96404	0,58474–2	0,68468–2	0,54
0,47	1,82946	1,88036	1,02782	0,97293	0,59766–2	0,67256–2	0,53
0,48	1,83749	1,87140	1,01845	0,98188	0,61045–2	0,66035–2	0,52
0,49	1,84569	1,86264	1,00918	0,99090	0,62310–2	0,64804–2	0,51
0,50	1,85407	1,85407	1,00000	1,00000	0,63562–2	0,63562–2	0,50
k'^2	K'	K	K/K'	K'/K	$\log q'$	$\log q$	k^2

Kleine Werte von k bzw. k'

k^2	K	K'	K'/K	K/K'	k'^2
0,000001	1,57080	8,29405	5,28016	0,18939	0,999999
0,000002	1,57080	7,94748	5,05952	0,19765	0,999998
0,000003	1,57080	7,74475	4,93046	0,20282	0,999997
0,000004	1,57080	7,60091	4,83888	0,20666	0,999996
0,000005	1,57080	7,48934	4,76786	0,20974	0,999995
0,000006	1,57080	7,39818	4,70982	0,21232	0,999994
0,000007	1,57080	7,32111	4,66075	0,21456	0,999993
0,000008	1,57080	7,25434	4,61825	0,21653	0,999992
0,000009	1,57080	7,19545	4,58076	0,21830	0,999991
0,000010	1,57080	7,14277	4,54722	0,21991	0,999990
0,000100	1,57083	5,99159	3,81427	0,26217	0,999900
0,000200	1,57087	5,64512	3,59362	0,27827	0,999800
0,000300	1,57091	5,44249	3,46454	0,28864	0,999700
0,000400	1,57095	5,29875	3,37295	0,29648	0,999600
0,000500	1,57099	5,18727	3,30191	0,30286	0,999500
0,000600	1,57103	5,09620	3,24385	0,30828	0,999400
0,000700	1,57107	5,01921	3,19477	0,31301	0,999300
0,000800	1,57111	4,95253	3,15225	0,31723	0,999200
0,000900	1,57115	4,89373	3,11474	0,32105	0,999100
0,001000	1,57119	4,84113	3,08119	0,32455	0,999000
k'^2	K'	K	K/K'	K'/K	k^2

k^2	K	K'	K'/K	K/K'	k'^2
0,001100	1,57123	4,79356	3,05084	0,32778	0,998900
0,001200	1,57127	4,75014	3,02312	0,33078	0,998800
0,001300	1,57131	4,71020	2,99763	0,33360	0,998700
0,001400	1,57135	4,67322	2,97402	0,33624	0,998600
0,001500	1,57139	4,63880	2,95205	0,33875	0,998500
0,001600	1,57142	4,60661	2,93149	0,34112	0,998400
0,001700	1,57146	4,57638	2,91217	0,34339	0,998300
0,001800	1,57150	4,54788	2,89396	0,34555	0,998200
0,001900	1,57154	4,52092	2,87674	0,34762	0,998100
0,002000	1,57158	4,49535	2,86040	0,34960	0,998000
0,002100	1,57162	4,47103	2,84485	0,35151	0,997900
0,002200	1,57166	4,44784	2,83002	0,35335	0,997800
0,002300	1,57171	4,42569	2,81586	0,35513	0,997700
0,002400	1,57174	4,40448	2,80231	0,35685	0,997600
0,002500	1,57178	4,38414	2,78929	0,35851	0,997500
0,002600	1,57182	4,36461	2,77679	0,36013	0,997400
0,002700	1,57186	4,34581	2,76476	0,36170	0,997300
0,002800	1,57190	4,32769	2,75317	0,36322	0,997200
0,002900	1,57194	4,31022	2,74198	0,36470	0,997100
0,003000	1,57198	4,29334	2,73117	0,36614	0,997000
k'^2	K'	K	K/K'	K'/K	k^2

2.) Tabellen des elliptischen Normalintegrals erster Gattung.

$$F(k, \varphi) \qquad k = \sin \alpha$$

$\varphi°$	$\alpha = 5°$	$\alpha = 10°$	$\alpha = 15°$	$\alpha = 20°$	$\alpha = 25°$	$\alpha = 30°$
1	0,01745	0,01745	0,01745	0,01745	0,01745	0,01745
2	0,03491	0,03491	0,03491	0,03491	0,03491	0,03491
3	0,05236	0,05236	0,05236	0,05236	0,05236	0,05237
4	0,06981	0,06981	0,06982	0,06982	0,06982	0,06983
5	0,08727	0,08727	0,08728	0,08729	0,08729	0,08729
6	0,1047	0,1047	0,1047	0,1047	0,1048	0,1048
7	0,1222	0,1222	0,1222	0,1222	0,1222	0,1223
8	0,1396	0,1396	0,1397	0,1397	0,1397	0,1397
9	0,1571	0,1571	0,1571	0,1572	0,1572	0,1572
10	0,1745	0,1746	0,1746	0,1746	0,1747	0,1748
11	0,1920	0,1920	0,1921	0,1921	0,1922	0,1923
12	0,2095	0,2095	0,2095	0,2096	0,2097	0,2098
13	0,2269	0,2270	0,2270	0,2271	0,2272	0,2274
14	0,2444	0,2444	0,2445	0,2446	0,2448	0,2450
15	0,2618	0,2619	0,2620	0,2622	0,2623	0,2625
16	0,2793	0,2794	0,2795	0,2797	0,2799	0,2802
17	0,2967	0,2968	0,2970	0,2972	0,2975	0,2978
18	0,3142	0,3143	0,3145	0,3148	0,3151	0,3154
19	0,3317	0,3318	0,3320	0,3323	0,3327	0,3331
20	0,3491	0,3493	0,3495	0,3499	0,3503	0,3508
21	0,3666	0,3668	0,3671	0,3675	0,3680	0,3686
22	0,3840	0,3843	0,3846	0,3851	0,3856	0,3883
23	0,4015	0,4017	0,4021	0,4027	0,4033	0,4041
24	0,4190	0,4192	0,4197	0,4203	0,4210	0,4219
25	0,4364	0,4367	0,4372	0,4379	0,4388	0,4397

$$F(k, \varphi) \qquad k = \sin \alpha$$

φ°	$\alpha = 5^\circ$	$\alpha = 10^\circ$	$\alpha = 15^\circ$	$\alpha = 20^\circ$	$\alpha = 25^\circ$	$\alpha = 30^\circ$
26	0,4539	0,4542	0,4548	0,4556	0,4565	0,4576
27	0,4714	0,4717	0,4724	0,4732	0,4743	0,4755
28	0,4888	0,4893	0,4900	0,4909	0,4921	0,4935
29	0,5063	0,5068	0,5075	0,5086	0,5099	0,5114
30	0,5238	0,5243	0,5251	0,5263	0,5277	0,5294
31	0,5412	0,5418	0,5427	0,5440	0,5456	0,5475
32	0,5587	0,5593	0,5604	0,5618	0,5635	0,5656
33	0,5762	0,5769	0,5780	0,5795	0,5814	0,5837
34	0,5937	0,5944	0,5956	0,5973	0,5994	0,6018
35	0,6111	0,6119	0,6133	0,6151	0,6173	0,6200
36	0,6286	0,6295	0,6309	0,6329	0,6353	0,6383
37	0,6461	0,6470	0,6486	0,6507	0,6534	0,6566
38	0,6636	0,6646	0,6662	0,6685	0,6714	0,6749
39	0,6810	0,6821	0,6839	0,6864	0,6895	0,6932
40	0,6985	0,6997	0,7016	0,7043	0,7077	0,7117
41	0,7160	0,7173	0,7193	0,7222	0,7258	0,7301
42	0,7335	0,7348	0,7370	0,7401	0,7440	0,7486
43	0,7510	0,7524	0,7548	0,7581	0,7622	0,7671
44	0,7685	0,7700	0,7725	0,7760	0,7804	0,7857
45	0,7859	0,7876	0,7903	0,7940	0,7987	0,8044
46	0,8034	0,8052	0,8080	0,8120	0,8170	0,8234
47	0,8209	0,8228	0,8258	0,8300	0,8354	0,8418
48	0,8384	0,8404	0,8436	0,8480	0,8537	0,8606
49	0,8559	0,8580	0,8614	0,8661	0,8721	0,8794
50	0,8734	0,8756	0,8792	0,8842	0,8905	0,8983
51	0,8909	0,8932	0,8970	0,9023	0,9090	0,9172
52	0,9084	0,9108	0,9148	0,9204	0,9275	0,9361
53	0,9259	0,9284	0,9326	0,9385	0,9460	0,9551
54	0,9434	0,9460	0,9505	0,9567	0,9646	0,9742
55	0,9609	0,9637	0,9683	0,9748	0,9832	0,9933
56	0,9784	0,9813	0,9862	0,9930	1,0018	1,0125
57	0,9959	0,9989	1,0041	1,0112	1,0204	1,0317
58	1,0134	1,0166	1,0219	1,0295	1,0391	1,0509
59	1,0309	1,0342	1,0398	1,0477	1,0578	1,0702
60	1,0484	1,0519	1,0577	1,0660	1,0766	1,0896
61	1,0659	1,0695	1,0757	1,0843	1,0953	1,1089
62	1,0834	1,0872	1,0936	1,1026	1,1141	1,1284
63	1,1009	1,1049	1,1115	1,1209	1,1330	1,1478
64	1,1184	1,1225	1,1295	1,1392	1,1518	1,1674
65	1,1359	1,1402	1,1474	1,1576	1,1707	1,1869
66	1,1534	1,1579	1,1654	1,1759	1,1896	1,2065
67	1,1709	1,1756	1,1833	1,1943	1,2085	1,2262
68	1,1884	1,1932	1,2013	1,2127	1,2275	1,2458
69	1,2059	1,2109	1,2193	1,2311	1,2465	1,2656
70	1,2235	1,2286	1,2373	1,2495	1,2655	1,2853
71	1,2410	1,2463	1,2553	1,2680	1,2845	1,3051
72	1,2585	1,2640	1,2733	1,2864	1,3036	1,3249
73	1,2760	1,2817	1,2913	1,3049	1,3226	1,3448
74	1,2935	1,2994	1,3093	1,3234	1,3417	1,3647
75	1,3110	1,3171	1,3273	1,3418	1,3608	1,3846
76	1,3285	1,3348	1,3454	1,3603	1,3800	1,4045
77	1,3461	1,3525	1,3634	1,3788	1,3991	1,4245
78	1,3636	1,3702	1,3814	1,3974	1,4183	1,4445
79	1,3811	1,3879	1,3995	1,4159	1,4374	1,4645
80	1,3986	1,4057	1,4175	1,4344	1,4566	1,4846
81	1,4161	1,4234	1,4356	1,4530	1,4758	1,5046

$$F(k, \varphi) \qquad k = \sin \alpha$$

φ°	$\alpha = 5^\circ$	$\alpha = 10^\circ$	$\alpha = 15^\circ$	$\alpha = 20^\circ$	$\alpha = 25^\circ$	$\alpha = 30^\circ$
82	1,4336	1,4411	1,4536	1,4715	1,4950	1,5247
83	1,4512	1,4588	1,4717	1,4901	1,5143	1,5448
84	1,4687	1,4765	1,4897	1,5086	1,5335	1,5649
85	1,4862	1,4942	1,5078	1,5272	1,5527	1,5850
86	1,5037	1,5120	1,5259	1,5457	1,5720	1,6052
87	1,5212	1,5297	1,5439	1,5643	1,5912	1,6253
88	1,5388	1,5474	1,5620	1,5829	1,6105	1,6455
89	1,5563	1,5651	1,5801	1,6015	1,6297	1,6656
90	1,5738	1,5828	1,5981	1,6200	1,6490	1,6858

$$F(k, \varphi) \qquad k = \sin \alpha$$

φ°	$\alpha = 35^\circ$	$\alpha = 40^\circ$	$\alpha = 45^\circ$	$\alpha = 50^\circ$	$\alpha = 55^\circ$	$\alpha = 60^\circ$
1	0,01745	0,01745	0,01745	0,01745	0,01745	0,01745
2	0,03491	0,03491	0,03491	0,03491	0,03491	0,03491
3	0,05237	0,05237	0,05237	0,05237	0,05237	0,05238
4	0,06983	0,06983	0,06984	0,06985	0,06985	0,06986
5	0,08730	0,08731	0,08732	0,08733	0,08734	0,08735
6	0,1048	0,1048	0,1048	0,1048	0,1049	0,1049
7	0,1223	0,1223	0,1223	0,1224	0,1224	0,1224
8	0,1398	0,1398	0,1399	0,1399	0,1399	0,1400
9	0,1573	0,1574	0,1574	0,1575	0,1575	0,1576
10	0,1748	0,1749	0,1750	0,1751	0,1751	0,1752
11	0,1924	0,1925	0,1926	0,1927	0,1928	0,1929
12	0,2099	0,2101	0,2102	0,2103	0,2105	0,2106
13	0,2275	0,2277	0,2279	0,2280	0,2282	0,2284
14	0,2451	0,2454	0,2456	0,2458	0,2460	0,2462
15	0,2628	0,2630	0,2633	0,2636	0,2638	0,2641
16	0,2804	0,2808	0,2811	0,2814	0,2817	0,2820
17	0,2981	0,2985	0,2989	0,2993	0,2997	0,3000
18	0,3159	0,3163	0,3168	0,3172	0,3177	0,3181
19	0,3336	0,3341	0,3347	0,3352	0,3357	0,3362
20	0,3514	0,3520	0,3526	0,3533	0,3539	0,3545
21	0,3692	0,3699	0,3706	0,3714	0,3721	0,3728
22	0,3871	0,3879	0,3887	0,3896	0,3904	0,3912
23	0,4049	0,4059	0,4068	0,4078	0,4088	0,4097
24	0,4229	0,4239	0,4250	0,4261	0,4272	0,4283
25	0,4408	0,4420	0,4433	0,4446	0,4458	0,4470
26	0,4589	0,4602	0,4616	0,4630	0,4645	0,4658
27	0,4769	0,4784	0,4800	0,4816	0,4832	0,4847
28	0,4950	0,4967	0,4985	0,5003	0,5021	0,5038
29	0,5132	0,5150	0,5170	0,5190	0,5210	0,5229
30	0,5313	0,5334	0,5356	0,5379	0,5401	0,5422
31	0,5496	0,5519	0,5543	0,5568	0,5593	0,5617
32	0,5679	0,5704	0,5731	0,5759	0,5786	0,5812
33	0,5862	0,5890	0,5920	0,5950	0,5980	0,6010
34	0,6046	0,6077	0,6109	0,6143	0,6176	0,6208
35	0,6231	0,6264	0,6300	0,6336	0,6373	0,6409
36	0,6416	0,6452	0,6491	0,6531	0,6572	0,6610
37	0,6602	0,6641	**0,6684**	0,6727	0,6771	0,6814
38	0,6788	0,6831	**0,6877**	0,6925	0,6973	0,7020
39	0,6975	0,7021	**0,7071**	0,7123	0,7176	0,7227

$$F(k, \varphi) \qquad k = \sin \alpha$$

$\varphi°$	$\alpha = 35°$	$\alpha = 40°$	$\alpha = 45°$	$\alpha = 50°$	$\alpha = 55°$	$\alpha = 60°$
40	0,7162	0,7213	0,7267	0,7323	0,7380	0,7436
41	0,7350	0,7405	0,7463	0,7524	0,7586	0,7647
42	0,7539	0,7598	0,7661	0,7727	0,7794	0,7860
43	0,7728	0,7791	0,7859	0,7931	0,8004	0,8075
44	0,7918	0,7986	0,8059	0,8136	0,8215	0,8293
45	0,8109	0,8182	0,8260	0,8343	0,8428	0,8512
46	0,8300	0,8378	0,8462	0,8552	0,8643	0,8734
47	0,8492	0,8575	0,8666	0,8761	0,8860	0,8959
48	0,8685	0,8773	0,8870	0,8973	0,9079	0,9185
49	0,8878	0,8973	0,9076	0,9186	0,9300	0,9415
50	0,9072	0,9173	0,9283	0,9401	0,9523	0,9647
51	0,9267	0,9374	0,9491	0,9617	0,9748	0,9881
52	0,9462	0,9576	0,9701	0,9835	0,9976	1,0119
53	0,9658	0,9778	0,9912	1,0055	1,0206	1,0359
54	0,9855	0,9982	1,0124	1,0277	1,0437	1,0602
55	1,0052	1,0187	1,0337	1,0500	1,0672	1,0848
56	1,0250	1,0393	1,0552	1,0725	1,0908	1,1097
57	1,0449	1,0600	1,0768	1,0952	1,1147	1,1349
58	1,0648	1,0807	1,0985	1,1180	1,1389	1,1605
59	1,0848	1,1016	1,1204	1,1411	1,1633	1,1864
60	1,1049	1,1226	1,1424	1,1643	1,1879	1,2125
61	1,1250	1,1436	1,1646	1,1877	1,2128	1,2392
62	1,1453	1,1648	1,1869	1,2113	1,2379	1,2661
63	1,1655	1,1860	1,2093	1,2351	1,2633	1,2933
64	1,1859	1,2074	1,2318	1,2591	1,2890	1,3209
65	1,2063	1,2288	1,2545	1,2833	1,3149	1,3489
66	1,2267	1,2503	1,2773	1,3076	1,3411	1,3773
67	1,2472	1,2719	1,3002	1,3321	1,3675	1,4060
68	1,2678	1,2936	1,3233	1,3568	1,3942	1,4351
69	1,2885	1,3154	1,3464	1,3817	1,4212	1,4646
70	1,3092	1,3372	1,3697	1,4068	1,4484	1,4944
71	1,3299	1,3592	1,3931	1,4320	1,4759	1,5246
72	1,3507	1,3812	1,4167	1,4574	1,5036	1,5552
73	1,3716	1,4033	1,4403	1,4830	1,5316	1,5862
74	1,3924	1,4254	1,4640	1,5087	1,5597	1,6175
75	1,4134	1,4477	1,4879	1,5346	1,5882	1,6492
76	1,4344	1,4700	1,5118	1,5606	1,6168	1,6812
77	1,4554	1,4923	1,5359	1,5867	1,6457	1,7136
78	1,4765	1,5147	1,5600	1,6130	1,6748	1,7463
79	1,4976	1,5372	1,5842	1,6394	1,7040	1,7792
80	1,5187	1,5597	1,6085	1,6660	1,7335	1,8125
81	1,5339	1,5823	1,6328	1,6926	1,7631	1,8461
82	1,5611	1,6049	1,6573	1,7194	1,7929	1,8799
83	1,5823	1,6276	1,6817	1,7462	1,8228	1,9140
84	1,6035	1,6502	1,7063	1,7731	1,8528	1,9482
85	1,6248	1,6730	1,7308	1,8001	1,8830	1,9826
86	1,6461	1,6957	1,7554	1,8271	1,9132	2,0172
87	1,6673	1,7184	1,7801	1,8542	1,9435	2,0519
88	1,6886	1,7412	1,8047	1,8813	1,9739	2,0867
89	1,7099	1,7640	1,8294	1,9084	2,0043	2,1216
90	1,7313	1,7868	1,8541	1,9356	2,0347	2,1565

$$F(k, \varphi) \qquad k = \sin \alpha$$

φ°	$\alpha = 65^\circ$	$\alpha = 70^\circ$	$\alpha = 75^\circ$	$\alpha = 80^\circ$	$\alpha = 85^\circ$	$\alpha = 90^\circ$
1	0,01745	0,01745	0,01745	0,01745	0,01745	0,01745
2	0,03491	0,03491	0,03491	0,03491	0,03491	0,03491
3	0,05238	0,05238	0,05238	0,05238	0,05238	0,05238
4	0,06986	0,06986	0,06987	0,06987	0,06987	0,06987
5	0,08736	0,08736	0,08737	0,08737	0,08738	0,08738
6	0,1049	0,1049	0,1049	0,1049	0,1049	0,1049
7	0,1224	0,1224	0,1225	0,1225	0,1225	0,1225
8	0,1400	0,1400	0,1401	0,1401	0,1401	0,1401
9	0,1576	0,1577	0,1577	0,1577	0,1577	0,1577
10	0,1753	0,1753	0,1754	0,1754	0,1754	0,1754
11	0,1930	0,1930	0,1931	0,1931	0,1932	0,1932
12	0,2107	0,2108	0,2109	0,2109	0,2110	0,2110
13	0,2285	0,2286	0,2287	0,2288	0,2289	0,2289
14	0,2464	0,2465	0,2466	0,2467	0,2468	0,2468
15	0,2643	0,2645	0,2646	0,2648	0,2648	0,2648
16	0,2823	0,2825	0,2827	0,2828	0,2829	0,2830
17	0,3003	0,3006	0,3009	0,3011	0,3011	0,3012
18	0,3185	0,3188	0,3191	0,3193	0,3194	0,3195
19	0,3367	0,3371	0,3374	0,3377	0,3378	0,3379
20	0,3550	0,3555	0,3559	0,3562	0,3563	0,3564
21	0,3734	0,3740	0,3744	0,3747	0,3749	0,3750
22	0,3919	0,3926	0,3931	0,3935	0,3937	0,3938
23	0,4105	0,4133	0,4119	0,4123	0,4126	0,4127
24	0,4293	0,4301	0,4308	0,4313	0,4316	0,4317
25	0,4481	0,4490	0,4498	0,4504	0,4508	0,4509
26	0,4670	0,4681	0,4690	0,4697	0,4701	0,4702
27	0,4861	0,4874	0,4884	0,4891	0,4896	0,4897
28	0,5053	0,5067	0,5079	0,5087	0,5092	0,5094
29	0,5247	0,5262	0,5275	0,5285	0,5291	0,5293
30	0,5442	0,5459	0,5474	0,5484	0,5491	0,5493
31	0,5639	0,5658	0,5674	0,5686	0,5693	0,5696
32	0,5837	0,5858	0,5876	0,5889	0,5898	0,5900
33	0,6037	0,6060	0,6080	0,6095	0,6104	0,6107
34	0,6238	0,6265	0,6287	0,6303	0,6313	0,6317
35	0,6442	0,6471	0,6495	0,6513	0,6525	0,6528
36	0,6647	0,6679	0,6706	0,6726	0,6739	0,6743
37	0,6854	0,6890	0,6913	0,6941	0,6955	0,6960
38	0,7063	0,7102	0,7135	0,7159	0,7175	0,7180
39	0,7275	0,7318	0,7353	0,7380	0,7397	0,7403
40	0,7488	0,7535	0,7575	0,7604	0,7623	0,7629
41	0,7704	0,7756	0,7799	0,7831	0,7852	0,7859
42	0,7922	0,7979	0,8026	0,8062	0,8084	0,8092
43	0,8143	0,8205	0,8256	0,8295	0,8320	0,8328
44	0,8367	0,8433	0,8490	0,8533	0,8560	0,8569
45	0,8593	0,8665	0,8727	0,8774	0,8804	0,8814
46	0,8821	0,8901	0,8968	0,9019	0,9052	0,9063
47	0,9053	0,9139	0,9212	0,9269	0,9304	0,9316
48	0,9288	0,9381	0,9461	0,9523	0,9561	0,9575
49	0,9525	0,9627	0,9714	0,9781	0,9824	0,9837
50	0,9766	0,9878	0,9971	1,0044	1,0091	1,0107
51	1,0010	1,0130	1,0233	1,0313	1,0364	1,0381
52	1,0258	1,0387	1,0500	1,0587	1,0643	1,0662
53	1,0509	1,0649	1,0771	1,0867	1,0927	1,0948
54	1,0764	1,0916	1,1048	1,1152	1,1219	1,1242
55	1,1022	1,1187	1,1331	1,1444	1,1517	1,1542

$$F(k, \varphi) \qquad k = \sin \alpha$$

$\varphi°$	$\alpha = 65°$	$\alpha = 70°$	$\alpha = 75°$	$\alpha = 80°$	$\alpha = 85°$	$\alpha = 90°$
56	1,1285	1,1462	1,1619	1,1743	1,1823	1,1851
57	1,1551	1,1743	1,1914	1,2049	1,2136	1,2167
58	1,1822	1,2030	1,2215	1,2362	1,2458	1,2492
59	1,2097	1,2321	1,2522	1,2684	1,2789	1,2826
60	1,2376	1,2619	1,2837	1,3014	1,3129	1,3170
61	1,2660	1,2922	1,3159	1,3352	1,3480	1,3524
62	1,2949	1,3231	1,3490	1,3701	1,3841	1,3890
63	1,3243	1,3547	1,3828	1,4059	1,4214	1,4268
64	1,3541	1,3870	1,4175	1,4429	1,4599	1,4659
65	1,3844	1,4199	1,4532	1,4810	1,4998	1,5065
66	1,4153	1,4536	1,4898	1,5203	1,5411	1,5485
67	1,4467	1,4880	1,5274	1,5610	1,5840	1,5923
68	1,4786	1,5232	1,5661	1,6030	1,6287	1,6379
69	1,5111	1,5591	1,6059	1,6466	1,6752	1,6856
70	1,5441	1,5959	1,6468	1,6918	1,7237	1,7354
71	1,5777	1,6335	1,6891	1,7388	1,7745	1,7877
72	1,6118	1,6720	1,7326	1,7876	1,8277	1,8427
73	1,6465	1,7113	1,7774	1,8384	1,8837	1,9008
74	1,6818	1,7516	1,8237	1,8915	1,9427	1,9623
75	1,7176	1,7927	1,8715	1,9468	2,0050	2,0276
76	1,7540	1,8347	1,9207	2,0047	2,0711	2,0973
77	1,7909	1,8777	1,9716	2,0653	2,1414	2,1721
78	1,8284	1,9215	2,0240	2,1288	2,2164	2,2528
79	1,8664	1,9663	2,0781	2,1954	2,2969	2,3404
80	1,9048	2,0119	2,1339	2,2653	2,3837	2,4362
81	1,9438	2,0584	2.1913	2,3387	2,4775	2,5421
82	1,9831	2,1057	2,2504	2,4157	2,5795	2,6603
83	2,0229	2,1537	2,3110	2,4965	2,6911	2,7942
84	2,0630	2,2024	2,3731	2,5811	2,8136	2,9487
85	2,1035	2,2518	2,4366	2,6694	2,9487	3,1313
86	2,1442	2,3017	2,5013	2,7612	3,0987	3,3547
87	2,1852	2,3520	2,5670	2,8561	3,2620	3,6425
88	2,2263	2,4027	2,6336	2,9537	3,4412	4,0481
89	2,2675	2,4535	2,7007	3,0530	3,6328	4,7413
90	2,3088	2,5046	2,7681	3,1534	3,8317	∞

3.) Tabellen des elliptischen Normalintegrals zweiter Gattung.

$$E(k, \varphi) \qquad k = \sin \alpha$$

$\varphi°$	$\alpha = 5°$	$\alpha = 10°$	$\alpha = 15°$	$\alpha = 20°$	$\alpha = 25°$	$\alpha = 30°$
1	0,0175	0,0175	0,0175	0,0175	0,0175	0,0175
2	0,0349	0,0349	0,0349	0,0349	0,0349	0,0349
3	0,0524	0,0524	0,0524	0,0524	0,0524	0,0524
4	0,0698	0,0698	0,0698	0,0698	0,0698	0,0698
5	0,0873	0,0873	0,0873	0,0873	0,0873	0,0872
6	0,1047	0,1047	0,1047	0,1047	0,1047	0,1047
7	0,1222	1,1222	0,1222	0,1222	0,1221	0,1221
8	0,1396	0,1396	0,1396	0,1396	0,1396	0,1395
9	0,1571	0,1571	0,1570	0,1570	0,1570	0,1569
10	0,1745	0,1745	0,1745	0,1744	0,1744	0,1743
11	0,1920	0,1920	0,1919	0,1919	0,1918	0,1917

Tabellen.

$$E\,(k,\varphi) \qquad k = \sin\alpha$$

φ°	$\alpha = 5^\circ$	$\alpha = 10^\circ$	$\alpha = 15^\circ$	$\alpha = 20^\circ$	$\alpha = 25^\circ$	$\alpha = 30^\circ$
12	0,2094	0,2094	0,2093	0,2093	0,2092	0,2091
13	0,2269	0,2268	0,2268	0,2267	0,2266	0,2264
14	0,2443	0,2443	0,2442	0,2441	0,2439	0,2437
15	0,2618	0,2617	0,2616	0,2615	0,2613	0,2611
16	0,2792	0,2791	0,2788	0,2786	0,2790	0,2784
17	0,2967	0,2966	0,2964	0,2962	0,2959	0,2956
18	0,3141	0,3140	0,3138	0,3136	0,3133	0,3129
19	0,3316	0,3314	0,3312	0,3309	0,3306	0,3301
20	0,3490	0,3489	0,3486	0,3483	0,3478	0,3473
21	0,3665	0,3663	0,3660	0,3656	0,3651	0,3645
22	0,3839	0,3837	0,3834	0,3829	0,3823	0,3817
23	0,4014	0,4011	0,4007	0,4002	0,3996	0,3988
24	0,4188	0,4185	0,4181	0,4175	0,4168	0,4159
25	0,4362	0,4359	0,4354	0,4348	0,4339	0,4330
26	0,4531	0,4533	0,4528	0,4520	0,4511	0,4500
27	0,4711	0,4707	0,4701	0,4693	0,4682	0,4670
28	0,4886	0,4881	0,4875	0,4865	0,4854	0,4840
29	0,5060	0,5055	0,5048	0,5037	0,5025	0,5010
30	0,5234	0,5229	0,5221	0,5209	0,5195	0,5179
31	0,5409	0,5403	0,5394	0,5381	0,5366	0,5348
32	0,5583	0,5577	0,5567	0,5553	0,5536	0,5516
33	0,5757	0,5751	0,5740	0,5725	0,5706	0,5684
34	0,5932	0,5924	0,5912	0,5896	0,5876	0,5852
35	0,6106	0,6098	0,6085	0,6067	0,6045	0,6019
36	0,6280	0,6272	0,6258	0,6238	0,6214	0,6186
37	0,6455	0,6445	0,6430	0,6409	0,6383	0,6353
38	0,6629	0,6619	0,6602	0,6580	0,6552	0,6519
39	0,6803	0,6792	0,6775	0,6750	0,6720	0,6685
40	0,6977	0,6966	0,6947	0,6921	0,6888	0,6851
41	0,7152	0,7139	0,7119	0,7091	0,7056	0,7016
42	0,7326	0,7313	0,7291	0,7261	0,7224	0,7180
43	0,7500	0,7486	0,7463	0,7431	0,7391	0,7345
44	0,7674	0,7659	0,7634	0,7600	0,7558	0,7509
45	0,7849	0,7832	0,7806	0,7770	0,7725	0,7672
46	0,8023	0,8006	0,7978	0,7939	0,7891	0,7835
47	0,8197	0,8179	0,8149	0,8108	0,8057	0,7998
48	0,8371	0,8352	0,8320	0,8277	0,8223	0,8160
49	0,8545	0,8525	0,8491	0,8446	0,8389	0,8322
50	0,8719	0,8698	0,8663	0,8614	0,8554	0,8483
51	0,8894	0,8871	0,8834	0,8783	0,8719	0,8644
52	0,9068	0,9044	0,9005	0,8951	0,8884	0,8805
53	0,9242	0,9217	0,9175	0,9119	0,9048	0,8965
54	0,9416	0,9390	0,9345	0,9287	0,9212	0,9125
55	0,9590	0,9562	0,9517	0,9454	0,9376	0,9284
56	0,9764	0,9735	0,9687	0,9622	0,9540	0,9443
57	0,9938	0,9908	0,9858	0,9789	0,9703	0,9602
58	1,0112	1,0080	1,0028	0,9956	0,9866	0,9760
59	1,0286	1,0253	1,0198	1,0123	1,0029	0,9918
60	1,0460	1,0426	1,0368	1,0290	1,0192	1,0076
61	1,0634	1,0598	1,0538	1,0456	1,0354	1,0233
62	1,0808	1,0771	1,0708	1,0623	1,0516	1,0390
63	1,0982	1,0943	1,0878	1,0789	1,0678	1,0546
64	1,1156	1,1115	1,1048	1,0955	1,0839	1,0702
65	1,1330	1,1288	1,1218	1,1121	1,1001	1,0858
66	1,1504	1,1460	1,1387	1,1287	1,1162	1,1013

$$E\,(k,\psi) \qquad k = \sin\alpha$$

$\psi°$	$\alpha = 5°$	$\alpha = 10°$	$\alpha = 15°$	$\alpha = 20°$	$\alpha = 25°$	$\alpha = 30°$
67	1,1678	1,1632	1,1557	1,1453	1,1323	1,1168
68	1,1852	1,1805	1,1726	1,1619	1,1483	1,1323
69	1,2026	1,1977	1,1896	1,1784	1,1644	1,1478
70	1,2200	1,2149	1,2065	1,1949	1,1804	1,1632
71	1,2374	1,2321	1,2234	1,2115	1,1964	1,1786
72	1,2548	1,2494	1,2403	1,2280	1,2124	1,1939
73	1,2722	1,2666	1,2573	1,2445	1,2284	1,2093
74	1,2896	1,2838	1,2742	1,2609	1,2443	1,2246
75	1,3070	1,3010	1,2911	1,2774	1,2603	1,2399
76	1,3244	1,3182	1,3080	1,2939	1,2762	1,2552
77	1,3418	1,3354	1,3249	1,3104	1,2921	1,2704
78	1,3592	1,3526	1,3417	1,3268	1,3080	1,2857
79	1,3765	1,3698	1,3586	1,3433	1,3239	1,3009
80	1,3939	1,3870	1,3755	1,3597	1,3398	1,3161
81	1,4113	1,4042	1,3924	1,3761	1,3556	1,3312
82	1,4287	1,4214	1,4093	1,3925	1,3715	1,3464
83	1,4461	1,4386	1,4261	1,4090	1,3873	1,3616
84	1,4635	1,4558	1,4430	1,4254	1,4032	1,3767
85	1,4809	1,4729	1,4599	1,4418	1,4190	1,3919
86	1,4983	1,4901	1,4767	1,4582	1,4348	1,4070
87	1,5157	1,5073	1,4936	1,4746	1,4507	1,4221
88	1,5330	1,5245	1,5104	1,4910	1,4665	1,4372
89	1,5504	1,5417	1,5273	1,5074	1,4823	1,4524
90	1,5678	1,5589	1,5442	1,5238	1,4981	1,4675

$$E\,(k,\varphi) \qquad k = \sin\alpha$$

$\varphi°$	$\alpha = 35°$	$\alpha = 40°$	$\alpha = 45°$	$\alpha = 50°$	$\alpha = 55°$	$\alpha = 60°$
1	0,0175	0,0175	0,0175	0,0175	0,0175	0,0175
2	0,0349	0,0349	0,0349	0,0349	0,0349	0,0349
3	0,0524	0,0524	0,0524	0,0524	0,0523	0,0523
4	0,0698	0,0698	0,0698	0,0698	0,0698	0,0698
5	0,0872	0,0872	0,0872	0,0872	0,0872	0,0872
6	0,1047	0,1046	0,1046	0,1046	0,1046	0,1046
7	0,1221	0,1221	0,1220	0,1220	0,1220	0,1220
8	0,1395	0,1394	0,1394	0,1394	0,1393	0,1393
9	0,1569	0,1568	0,1568	0,1567	0,1567	0,1566
10	0,1743	0,1742	0,1741	0,1740	0,1739	0,1739
11	0,1916	0,1915	0,1914	0,1913	0,1912	0,1911
12	0,2089	0,2088	0,2087	0,2086	0,2084	0,2083
13	0,2263	0,2261	0,2259	0,2258	0,2256	0,2254
14	0,2436	0,2434	0,2431	0,2429	0,2427	0,2425
15	0,2608	0,2606	0,2603	0,2601	0,2598	0,2596
16	0,2781	0,2778	0,2775	0,2771	0,2768	0,2766
17	0,2953	0,2949	0,2946	0,2942	0,2938	0,2935
18	0,3125	0,3121	0,3116	0,3112	0,3107	0,3103
19	0,3297	0,3291	0,3286	0,3281	0,3276	0,3271
20	0,3468	0,3462	0,3456	0,3450	0,3444	0,3438
21	0,3639	0,3632	0,3625	0,3618	0,3611	0,3604
22	0,3908	0,3802	0,3793	0,3785	0,3777	0,3770
23	0,3980	0,3971	0,3961	0,3952	0,3943	0,3935

Tabellen.

$$E(k, \varphi) \qquad k = \sin \alpha$$

$\varphi°$	$\alpha = 35°$	$\alpha = 40°$	$\alpha = 45°$	$\alpha = 50°$	$\alpha = 55°$	$\alpha = 60°$
24	0,4150	0,4139	0,4129	0,4118	0,4108	0,4098
25	0,4319	0,4308	0,4296	0,4284	0,4272	0,4261
26	0,4488	0,4475	0,4462	0,4449	0,4436	0,4423
27	0,4657	0,4643	0,4628	0,4613	0,4598	0,4584
28	0,4825	0,4809	0,4793	0,4776	0,4760	0,4744
29	0,4993	0,4975	0,4957	0,4938	0,4920	0,4903
30	0,5161	0,5141	0,5121	0,5100	0,5080	0,5061
31	0,5328	0,5306	0,5283	0,5261	0,5239	0,5218
32	0,5494	0,5470	0,5446	0,5421	0,5396	0,5373
33	0,5660	0,5634	0,5607	0,5580	0,5553	0,5528
34	0,5826	0,5797	0,5768	0,5738	0,5709	0,5681
35	0,5991	0,5960	0,5928	0,5895	0,5863	0,5833
36	0,6155	0,6122	0,6087	0,6052	0,6017	0,5984
37	0,6319	0,6283	0,6245	0,6207	0,6169	0,6134
38	0,6483	0,6444	0,6403	0,6361	0,6321	0,6282
39	0,6646	0,6604	0,6559	0,6515	0,6471	0,6429
40	0,6808	0,6763	0,6715	0,6667	0,6620	0,6575
41	0,6970	0,6921	0,6870	0,6819	0,6768	0,6719
42	0,7132	0,7079	0,7025	0,6969	0,6914	0,6862
43	0,7293	0,7237	0,7178	0,7118	0,7059	0,7003
44	0,7453	0,7393	0,7330	0,7267	0,7204	0,7144
45	0,7613	0,7549	0,7482	0,7414	0,7347	0,7282
46	0,7772	0,7704	0,7633	0,7560	0,7488	0,7420
47	0,7931	0,7858	0,7782	0,7705	0,7629	0,7555
48	0,8089	0,8012	0,7931	0,7849	0,7768	0,7690
49	0,8247	0,8165	0,8079	0,7992	0,7905	0,7823
50	0,8404	0,8317	0,8227	0,8134	0,8042	0,7954
51	0,8560	0,8469	0,8373	0,8275	0,8177	0,8064
52	0,8716	0,8620	0,8518	0,8414	0,8311	0,8212
53	0,8872	0,8770	0,8663	0,8553	0,8444	0,8339
54	0,9026	0,8919	0,8806	0,8690	0,8575	0,8464
55	0,9181	0,9068	0,8949	0,8827	0,8705	0,8588
56	0,9335	0,9216	0,9091	0,8962	0,8834	0,8710
57	0,9488	0,9363	0,9232	0,9097	0,8961	0,8831
58	0,9641	0,9510	0,9372	0,9230	0,9088	0,8950
59	0,9793	0,9656	0,9511	0,9362	0,9213	0,9068
60	0,9945	0,9801	0,9650	0,9493	0,9336	0,9184
61	1,0096	0,9946	0,9787	0,9623	0,9459	0,9299
62	1,0247	1,0090	0,9924	0,9752	0,9580	0,9412
63	1,0397	1,0233	1,0060	0,9880	0,9700	0,9524
64	1,0547	1,0376	1,0195	1,0072	0,9818	0,9634
65	1,0696	1,0518	1,0329	1,0133	0,9936	0,9743
66	1,0845	1,0660	1,0463	1,0259	1,0052	0,9850
67	1,0993	1,0801	1,0596	1,0383	1,0167	0,9956
68	1,1141	1,0941	1,0728	1,0506	1,0282	1,0061
69	1,1289	1,1081	1,0859	1,0628	1,0395	1,0164
70	1,1436	1,1221	1,0990	1,0750	1,0506	1,0266
71	1,1583	1,1359	1,1120	1,0871	1,0617	1,0367
72	1,1729	1,1749	1,1250	1,0991	1,0727	1,0467
73	1,1875	1,1636	1,1379	1,1110	1,0836	1,0565
74	1,2021	1,1773	1,1507	1,1228	1,0944	1,0662
75	1,2167	1,1910	1,1635	1,1346	1,1051	1,0795
76	1,2312	1,2047	1,1762	1,1463	1,1158	1,0854
77	1,2457	1,2183	1,1889	1,1580	1,1263	1,0948
78	1,2601	1,2319	1,2015	1,1695	1,1368	1,1041

$$E(k, \varphi) \qquad k = \sin \alpha$$

$\varphi°$	$\alpha = 35°$	$\alpha = 40°$	$\alpha = 45°$	$\alpha = 50°$	$\alpha = 55°$	$\alpha = 60°$
79	1,2746	1,2454	1,2141	1,8111	1,1472	1,1133
80	1,2890	1,2590	1,2266	1,1926	1,1576	1,1225
81	1,3034	1,2725	1,2391	1,2040	1,1678	1,1316
82	1,3177	1,2859	1,2516	1,2154	1,1781	1,1406
83	1,3321	1,2994	1,2640	1,2267	1,1883	1,1495
84	1,3464	1,3128	1,2765	1,2381	1,1984	1,1584
85	1,3608	1,3262	1,2889	1,2493	1,2085	1,1673
86	1,3751	1,3396	1,3012	1,2606	1,2186	1,1761
87	1,3894	1,3530	1,3136	1,2719	1,2286	1,1848
88	1,4037	1,3664	1,3260	1,2831	1,2387	1,1936
89	1,4180	1,3798	1,3383	1,2943	1,2487	1,2023
90	1,4323	1,3931	1,3506	1,3055	1,2587	1,2111

$$E(k, \varphi) \qquad k = \sin \alpha$$

$\varphi°$	$\alpha = 65°$	$\alpha = 70°$	$\alpha = 75°$	$\alpha = 80°$	$\alpha = 85°$	$\alpha = 90°$
1	0,0175	0,0175	0,0175	0,0175	0,0175	0,0175
2	0,0349	0,0349	0,0349	0,0349	0,0349	0,0349
3	0,0523	0,0523	0,0523	0,0523	0,0523	0,0523
4	0,0698	0,0698	0,0698	0,0698	0,0698	0,0698
5	0,0872	0,0872	0,0872	0,0872	0,0872	0,0872
6	0,1046	0,1046	0,1045	0,1045	0,1045	0,1045
7	0,1219	0,1219	0,1219	0,1219	0,1219	0,1219
8	0,1393	0,1392	0,1392	0,1392	0,1392	0,1392
9	0,1566	0,1565	0,1565	0,1565	0,1564	0,1564
10	0,1738	0,1738	0,1737	0,1737	0,1737	0,1737
11	0,1910	0,1910	0,1909	0,1908	0,1908	0,1908
12	0,2082	0,2081	0,2080	0,2080	0,2079	0,2079
13	0,2253	0,2252	0,2251	0,2250	0,2250	0,2250
14	0,2424	0,2422	0,2421	0,2420	0,2419	0,2419
15	0,2594	0,2592	0,2590	0,2589	0,2588	0,2588
16	0,2763	0,2761	0,2759	0,2758	0,2757	0,2756
17	0,2932	0,2929	0,2927	0,2925	0,2924	0,2924
18	0,3100	0,3096	0,3094	0,3092	0,3091	0,3090
19	0,3267	0,3263	0,3260	0,3258	0,3256	0,3256
20	0,3433	0,3429	0,3425	0,3422	0,3421	0,3420
21	0,3599	0,3593	0,3589	0,3586	0,3584	0,3584
22	0,3763	0,3757	0,3753	0,3749	0,3747	0,3746
23	0,3927	0,3920	0,3915	0,3911	0,3908	0,3907
24	0,4090	0,4082	0,4076	0,4071	0,4068	0,4067
25	0,4251	0,4243	0,4236	0,4230	0,4227	0,4226
26	0,4412	0,4402	0,4394	0,4389	0,4385	0,4384
27	0,4572	0,4561	0,4552	0,4545	0,4541	0,4540
28	0,4730	0,4718	0,4708	0,4701	0,4696	0,4695
29	0,4888	0,4874	0,4863	0,4855	0,4850	0,4848
30	0,5044	0,5029	0,5017	0,5007	0,5002	0,5000
31	0,5199	0,5182	0,5169	0,5159	0,5153	0,5150
32	0,5352	0,5334	0,5319	0,5308	0,5302	0,5299
33	0,5505	0,5485	0,5468	0,5456	0,5449	0,5446
34	0,5656	0,5634	0,5616	0,5603	0,5595	0,5592
35	0,5806	0,5872	0,5762	0,5748	0,5739	0,5736

$$E(k, \varphi) \qquad k = \sin \alpha$$

$\varphi°$	$\alpha = 65°$	$\alpha = 70°$	$\alpha = 75°$	$\alpha = 80°$	$\alpha = 85°$	$\alpha = 90°$
36	0,5954	0,5928	0,5907	0,5891	0,5881	0,5878
37	0,6101	0,6073	0,6050	0,6032	0,6022	0,6018
38	0,6247	0,6216	0,6191	0,6172	0,6161	0,6157
39	0,6391	0,6357	0,6330	0,6310	0,6297	0,6293
40	0,6533	0,6497	0,6468	0,6446	0,6432	0,6428
41	0,6675	0,6636	0,6604	0,6580	0,6566	0,6561
42	0,6814	0,6772	0,6738	0,6712	0,6697	0,6691
43	0,6952	0,6907	0,6870	0,6843	0,6826	0,6820
44	0,7068	0,7040	0,7001	0,6971	0,6953	0,6947
45	0,7223	0,7172	0,7129	0,7097	0,7078	0,7071
46	0,7356	0,7301	0,7255	0,7222	0,7201	0,7193
47	0,7488	0,7429	0,7380	0,7344	0,7321	0,7314
48	0,7618	0,7555	0,7503	0,7464	0,7440	0,7431
49	0,7746	0,7679	0,7623	0,7582	0,7556	0,7547
50	0,7872	0,7801	0,7741	0,7697	0,7670	0,7660
51	0,7997	0,7921	0,7858	0,7811	0,7781	0,7772
52	0,8120	0,8039	0,7972	0,7922	0,7891	0,7880
53	0,8242	0,8155	0,8084	0,8031	0,7998	0,7986
54	0,8361	0,8270	0,8194	0,8137	0,8102	0,8090
55	0,8479	0,8382	0,8302	0,8242	0,8204	0,8192
56	0,8595	0,8493	0,8408	0,8344	0,8304	0,8290
57	0,8709	0,8601	0,8511	0,8443	0,8401	0,8387
58	0,8822	0,8707	0,8612	0,8540	0,8496	0,8481
59	0,8933	0,8812	0,8711	0,8635	0,8588	0,8572
60	0,9042	0,8914	0,8808	0,8728	0,8677	0,8660
61	0,9149	0,9015	0,8903	0,8818	0,8764	0,8746
62	0,9254	0,9113	0,8995	0,8905	0,8849	0,8830
63	0,9358	0,9210	0,9085	0,8990	0,8930	0,8910
64	0,9460	0,9304	0,9173	0,9027	0,9009	0,8988
65	0,9561	0,9397	0,9258	0,9152	0,9086	0,9063
66	0,9659	0,9487	0,9341	0,9230	0,9160	0,9136
67	0,9756	0,9576	0,9422	0,9305	0,9231	0,9205
68	0,9852	0,9662	0,9501	0,9377	0,9299	0,9272
69	0,9946	0,9747	0,9578	0,9447	0,9364	0,9336
70	1,0038	0,9830	0,9652	0,9514	0,9427	0,9397
71	1,0129	0,9911	0,9724	0,9579	0,9487	0,9455
72	1,0218	0,9990	0,9794	0,9642	0,9544	0,9511
73	1,0306	1,0067	0,9862	0,9702	0,9599	0,9563
74	1,0392	1,0143	0,9928	0,9759	0,9650	0,9613
75	1,0477	1,0217	0,9992	0,9814	0,9699	0,9659
76	1,0561	1,0290	1,0053	0,9867	0,9767	0,9703
77	1,0643	1,0361	1,0113	0,9917	0,9789	0,9744
78	1,0725	1,0430	1,0171	0,9965	0,9829	0,9782
79	1,0805	1,0498	1,0228	1,0011	0,9867	0,9816
80	1,0884	1,0565	1,0282	1,0054	0,9902	0,9848
81	1,0962	1,0630	1,0335	1,0096	0,9935	0,9877
82	1,1040	1,0695	1,0387	1,0135	0,9965	0,9903
83	1,1116	1,0758	1,0437	1,0173	0,9992	0,9926
84	1,1192	1,0821	1,0486	1,0209	1,0017	0,9945
85	1,1267	1,0883	1,0534	1,0244	1,0039	0,9962
86	1,1342	1,0944	1,0581	1,0277	1,0060	0,9976
87	1,1417	1,1004	1,0628	1,0309	1,0078	0,9986
88	1,1491	1,1064	1,0674	1,0340	1,0095	0,9994
89	1,1565	1,1124	1,0719	1,0371	1,0111	0,9999
90	1,1638	1,1184	1,0764	1,0401	1,0127	1,0000

Die Grundlehren der mathematischen Wissenschaften

in Einzeldarstellungen mit besonderer Berücksichtigung der Anwendungsgebiete. Herausgegeben von W. Blaschke, R. Grammel, E. Hopf, F. K. Schmidt, B. L. van der Waerden.

Band II: Theorie und Anwendung der unendlichen Reihen. Von Dr. **Konrad Knopp,** ord. Professor der Mathematik an der Universität Tübingen. Vierte Auflage. Mit 14 Textfiguren. XII, 583 Seiten. 1947.   DM 39.60

Band LII: Formeln und Sätze für die speziellen Funktionen der mathematischen Physik. Von Dr. **Wilhelm Magnus,** Professor der Mathematik an der Universität Göttingen, und Dr. **Fritz Oberhettinger,** Dozent für Mathematik an der Universität Mainz. Zweite Auflage. VIII, 230 Seiten. 1948.   DM 24.60

Im Sommer 1949 erscheinen:

Band XXVII: Grundzüge der theoretischen Logik. Von Geheimen Regierungsrat **D. Hilbert †,** o. Professor an der Universität Göttingen, und Dr. **W. Ackermann,** Lüdenscheid. Dritte, verbesserte Auflage. Etwa 150 Seiten.   Etwa DM 12.—

Band LVI: Die Genesis der Infinitesimalrechnung. Eine Einleitung in die Infinitesimalrechnung. Von **G. Köthe** und **O. Toeplitz.** 1. Band. Mit etwa 153 Abbildungen. Etwa 220 Seiten.   Etwa DM 18.—

Band LVII: Theoretische Mechanik. Von Dr. phil. **Georg Hamel,** Professor an der Technischen Universität, Berlin. Mit etwa 170 Abbildungen. Etwa 800 Seiten.   Etwa DM 80.—

Vorlesungen über Differential- und Integralrechnung.

Von **R. Courant,** o. Professor an der Universität Göttingen.

Erster Band: **Funktionen einer Veränderlichen.** Zweite, verbesserte Auflage. Mit 126 Textfiguren. XIV, 410 Seiten. 1930. Neudruck 1948. DM 24.—

Zweiter Band: **Funktionen mehrerer Veränderlicher.** Zweite, verbesserte Auflage. Mit 106 Textfiguren. 1931. Neudruck 1948.   DM 24.—

Vorlesungen über Integral- und Differentialrechnung.

Von Dr. phil. **Georg Prange †,** Professor der Mathematik an der Technischen Hochschule Hannover. Herausgegeben von Dr. phil. **Werner v. Koppenfels †,** Professor der Mathematik.

Erster Band: **Funktionen einer reellen Veränderlichen.** Mit 140 Abbildungen. XI, 436 Seiten. 1943. [Neudruck 1948.]   DM 27.—